U0169022

露天煤矿
拉铲倒堆开采工艺
优化研究

梅晓仁 ◎ 著

LUTIAN MEIKUANG LACHAN DAODUI KAICAI
GONGYI YOUHUA YANJIU

华中科技大学出版社
http://www.hustp.com
中国·武汉

内 容 提 要

　　本书根据我国露天煤矿地质赋存条件,对拉铲倒堆开采工艺进行了详细分类,提出了我国露天煤矿拉铲倒堆开采工艺适宜剥离采场最下部煤层顶板以上部分或全部岩石,提出了我国露天煤矿适合采用抛掷爆破＋推土机降段扩展平台＋拉铲扩展平台的联合作业方式,提出了拉铲倒堆联合作业方式宜采用剥采设备分别由两端向中央推进的两翼交替剥采程序,建立了拉铲倒堆开采工艺优化的数学模型,开发了露天煤矿拉铲倒堆开采工艺优化系统,提出了拉铲倒堆开采工艺中推土机降段高度优化模型、拉铲悬臂长度和勺斗容积的优化模型,并通过实例研究验证了优化模型及其相关成果具有较强的理论意义和实用价值。

　　本书适合矿业工程、计算机应用、系统工程等专业的科技工作者使用。

图书在版编目(CIP)数据

露天煤矿拉铲倒堆开采工艺优化研究/梅晓仁著. —武汉:华中科技大学出版社,2020.6
ISBN 978-7-5680-6089-9

Ⅰ.①露… Ⅱ.①梅… Ⅲ.①煤矿开采-露天开采-开采工艺-工艺优化-研究
Ⅳ.①TD824

中国版本图书馆 CIP 数据核字(2020)第 100106 号

露天煤矿拉铲倒堆开采工艺优化研究　　　　　　　　　　　　　　　　梅晓仁　著
Lutian Meikuang Lachan Daodui Kaicai Gongyi Youhua Yanjiu

策划编辑:袁　冲
责任编辑:刘　静
封面设计:孢　子
责任监印:徐　露
出版发行:华中科技大学出版社(中国·武汉)　　　电话:(027)81321913
　　　　　武汉市东湖新技术开发区华工科技园　　　邮编:430223
录　　排:华中科技大学惠友文印中心
印　　刷:北京虎彩文化传播有限公司
开　　本:710mm×1000mm　1/16
印　　张:8
字　　数:134 千字
版　　次:2020 年 6 月第 1 版第 1 次印刷
定　　价:39.00 元

前　言

　　拉铲倒堆开采工艺是一种先进的、高效的露天开采工艺,它集采掘、运输和排土三个主要工序环节于一身,将开采工作面的剥离物直接采装、运输并排弃于采空区中。由于拉铲具有线性尺寸大、对剥离物的岩性适应性强,设备质量较轻(相对其生产能力来说)、无燃油消耗等特点,拉铲倒堆开采工艺在美国、澳大利亚、加拿大和俄罗斯等国家获得了广泛的应用。我国一些露天矿区的煤层赋存条件很适合采用拉铲倒堆开采工艺。但我国露天煤矿的拉铲倒堆开采工艺起步较晚,发展相对比较落后。针对我国露天煤田的地质赋存条件,对拉铲倒堆开采工艺的作业方式、作业参数和剥采程序等进行深入的理论研究,并将研究成果应用于设计和生产实践,是我国露天采煤的一项新课题,具有重要的理论价值和实用价值。因此,深入、系统地研究拉铲倒堆开采工艺在我国露天煤矿应用的一般性原则和方法,开发一套功能比较完善的拉铲倒堆开采工艺优化系统,无论是对我国露天开采学科方向建设,还是对我国露天采矿设计理论、开采技术和生产实践,都具有重要的意义。

　　第1章绪论,在综述拉铲倒堆开采工艺的特点和国内外应用情况的基础上,介绍了我国适合采用拉铲倒堆开采工艺的大型露天煤矿的开采技术条件,提出了我国露天煤矿引进拉铲设备的可行性和必要性;介绍了拉铲倒堆开采工艺优化系统国内外研究情况,提出了集中高校、科研院所、设计研究单位的优势力量,尽快开发一套适合我国露天煤矿拉铲倒堆开采工艺设计、设备选型和作业参数优化研究的计算机应用软件系统,对合理引进国外大型采矿设备,进一步实现我国露天煤矿高产、高效、可持续发展,促进露天采矿学科的发展具有重要的理论意义和极强的实用价值;提出了本书的主要研究内容和创新点。

　　第2章拉铲倒堆开采工艺及其参数计算,首先分析了拉铲倒堆开采工艺的适用条件和国内外使用拉铲倒堆开采工艺的露天煤矿的地质技术条件,提出了我国露天煤矿拉铲倒堆开采工艺作业的范围;然后详细描述了拉铲倒堆开采工艺的分类,并针对不同的工艺系统分析了拉铲倒堆开采工艺典型的作业方式和开采参数的计算方法;最后提出了拉铲倒堆初始倒堆空间的计算方法和拉铲倒堆开采工艺剥离和采煤工作面的平面布置方式及其在时空上的配合关系,提出了适合我国露天煤矿的拉铲倒堆开采工艺剥采程序。

第3章拉铲倒堆开采工艺优化模型研究,分析了影响露天煤矿拉铲倒堆开采工艺优化的倒堆台阶工作线长度和倒堆台阶工作面参数等诸多因素,提出了露天煤矿拉铲倒堆开采工艺优化的基本思路与方法,采用计算机模拟技术,建立了露天煤矿拉铲倒堆开采工艺优化的数学模型,在系统分析研究的基础上,提出了拉铲倒堆开采工艺中推土机降段高度优化模型,对长臂小斗方案和短臂大斗方案提出了拉铲悬臂长度和勺斗容积的优化模型。

第4章拉铲倒堆开采工艺优化系统开发,介绍了适用于我国露天煤矿的拉铲倒堆开采工艺优化系统开发的意义、开发环境、系统的总体结构、系统的数据库结构、系统的功能以及系统的实现方法,介绍了利用 ActiveX 技术,根据 AutoCAD 和 Excel 对象,用 Visual Basic 对 AutoCAD 和 Excel 进行二次开发的方法。

第5章拉铲倒堆开采工艺优化研究,介绍了胜利一号露天煤矿和黑岱沟露天煤矿的概况和设计中推荐的拉铲作业方式以及开采参数和开采方案,并以这两个露天煤矿为例,应用本书所建立的优化模型和开发的 OSDSS 对露天煤矿拉铲倒堆开采工艺进行了设备选型和作业参数优化,从而研究我国露天煤矿应用拉铲倒堆开采工艺的一般性原则和参数优化方法,并通过与设计方案进行综合技术、经济性对比,验证系统的正确性、可靠性和实用性,为我国露天煤矿引进拉铲倒堆开采工艺进行有意义的探索。

第6章结论与展望,介绍了本书取得的成果和未来研究工作的方向。

本书适合矿业工程、计算机应用、系统工程等专业的科技工作者使用。

由于作者学识水平有限,本书中难免有错误与不足之处,恳请读者不吝指正(邮箱:meixr0506@163.com)。

梅晓仁

2019 年 8 月 31 日于湛江

目　　录

第1章 绪 论

　　本章在综述拉铲倒堆开采工艺的特点和国内外应用情况的基础上,介绍了我国适合采用拉铲倒堆开采工艺的大型露天煤矿的开采技术条件,提出了我国露天煤矿引进拉铲设备的可行性和必要性;介绍了拉铲倒堆开采工艺优化系统国内外研究情况,提出了集中高校、科研院所、设计研究单位的优势力量,尽快开发一套适合我国露天煤矿拉铲倒堆开采工艺设计、设备选型和作业参数优化研究的计算机应用软件系统,对合理引进国外大型采矿设备,进一步实现我国露天煤矿高产、高效、可持续发展,促进露天采矿学科的发展具有重要的理论意义和极强的实用价值的观点;提出了本书的主要研究内容和创新点。

1.1 引 言

　　拉铲(dragline,也称拉斗铲、吊斗铲或索斗铲)倒堆开采工艺是一种先进的、高效的露天开采工艺。它集采掘、运输和排土三个主要工序环节于一身,将开采工作面的剥离物直接采装、运输并排弃于采空区中。由于拉铲具有线性尺寸大、对剥离物的岩性适应性强、设备质量较轻(相对其生产能力来说)、无燃油消耗等特点,拉铲倒堆开采工艺在美国、澳大利亚、加拿大和俄罗斯等国家获得了广泛的应用。露天煤矿采用拉铲倒堆开采工艺,工艺流程简单,可以使露天煤矿获得很大的产量和很高的劳动生产率,并能降低矿石的成本。在条件适宜时,拉铲倒堆开采工艺能获得优异的技术经济指标:剥采比为 $10 \sim 18 \ \mathrm{m^3/t}$,个别达 $30 \ \mathrm{m^3/t}$;员工效率可达 243 t/工。截至 2002 年 7 月,在全世界的露天煤矿中,勺斗容积在 $30 \ \mathrm{m^3}$ 以上的拉铲共有 260 台,所完成的煤炭年产量合计在 800 Mt 以上。

　　拉铲倒堆开采工艺的主要优点是:能直接排弃剥离物,不需要使用运输设备;有能力挖掘和输送矿石等大块物料;生产作业基本不受恶劣天气的影响;使用灵活,可适用于各种开采技术;在一般情况下与其他挖掘和运输系统相比,其单位生产成本最低,比如,在美国和澳大利亚,采用抛掷爆破+拉铲倒堆开采工艺,剥离成本仅为单斗-卡车工艺的 $1/2\sim2/3$,在苏联,剥离成本是单斗-铁道开采工艺的 $1/5\sim1/3$。

拉铲倒堆开采工艺的主要缺点是:要求对工作台阶面预先进行平整;要对中等硬度以上的物料的整个倒堆台阶进行爆破,以便使工作面物料在开挖之前就已经破碎;拉铲的投资较高;物料的再倒堆降低了拉铲的生产效率。

20 世纪 60 年代初期,抛掷爆破技术在美国的 McCoy 煤矿进行了尝试。该矿覆盖物厚度为 $18\sim24$ m,抛掷爆破能将 40% 的覆盖物抛掷到采空区。利用抛掷爆破方法的目的,就是在台阶爆破和破碎物料时,将部分覆盖物抛掷到采空区,如图 1.1 所示。在图 1.1 中,S_1 和 S_2 就是利用抛掷爆破抛掷到采空区中的剥离物,其中 S_1 为有效抛掷物,不需要拉铲倒堆。自 20 世纪 80 年代初期,美国、澳大利亚等国家的露天煤矿先后采用抛掷爆破技术,且经过多年的试验研究,取得了一些研究成果,形成了抛掷爆破-拉铲、抛掷爆破-推土机、抛掷爆破-电铲-卡车等多种剥离工艺。抛掷爆破技术用于拉铲倒堆开采工艺,能将高达 60% 的剥离物抛到采空区,这就进一步提高了剥离工作的效率,大幅度降低了剥离成本,使拉铲倒堆开采工艺如虎添翼。

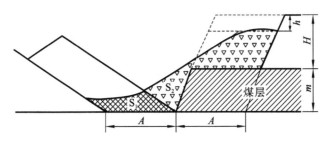

图 1.1　抛掷爆破爆堆形状

S_1,S_2—抛掷爆破抛掷到采空区中的剥离物,其中 S_1 为有效抛掷物

美国、澳大利亚等国在使用抛掷爆破技术及拉铲倒堆开采工艺方面发展迅速。2002 年,美国已有 100 台以上大型拉铲在露天煤矿中使用,当时这些大型拉铲完成的煤产量占全美总产量的 1/3。美国西部波德河煤田是世界上最大的产煤区,为了降低开采成本,抛掷爆破及拉铲倒堆开采工艺的应用相当广泛。截至 1994 年,该煤田已有 19 台拉铲在作业,拉铲勺斗容积为 $23\sim122$ m³,每个

露天煤矿使用拉铲 1～3 台,露天煤矿全员工效达 243 t/工。2002 年,澳大利亚拥有 60 多台大型拉铲,勺斗容积范围为 23～90 m³,开采深度达 60 m,卸载半径达 100 m,剥离台阶宽度为 40～90 m。澳大利亚最大的煤田——昆士兰煤田走向长、埋藏浅,剥离工艺以抛掷爆破与拉铲倒堆为主,拉铲勺斗容积为 45～52 m³、台年生产能力为 13～14 Mm³/a。

20 世纪 90 年代,俄罗斯露天煤矿也开始采用拉铲倒堆开采工艺,其倒堆系数为 1.7～2.5,平均倒堆系数为 2,即倒堆三次,平均单位剥离成本为 2.56 旧卢布/m³,倒堆剥离成本仅为单斗-铁道工艺的 60%、汽车工艺的 75%。实践证明,拉铲倒堆开采工艺的经济效果明显优于其他工艺。

澳大利亚、加拿大、南非等国的露天煤矿中拉铲倒堆开采工艺也占较大份额,后起的印度也发展迅速。

对于我国的露天煤矿,拉铲倒堆开采工艺起步较晚。近年来,我国在几座大型露天煤矿的设计中推荐了拉铲倒堆开采工艺,其中神华准格尔能源有限责任公司黑岱沟露天煤矿 2005 年采购了一台 Bucyrus 公司生产的斗容为 85 m³ 的拉铲,拉铲投入使用后,露天煤矿的生产规模由 12 Mt/a 提高到 20 Mt/a。我国一些露天矿区的煤层赋存条件很适合采用拉铲倒堆开采工艺。针对我国露天煤田的地质赋存条件,对拉铲倒堆开采工艺的作业方式、作业参数和剥采程序等进行深入的理论研究,并将研究成果应用于设计和生产实践,是我国露天采煤的一项新课题,具有重要的理论价值和实用价值。因此,深入、系统地研究拉铲倒堆开采工艺在我国露天煤矿应用的一般性原则和方法,开发一套功能比较完善的拉铲倒堆开采工艺优化系统,无论是对我国露天开采学科方向建设,还是对我国露天采矿设计理论、开采技术和生产实践,都具有重要的意义。

1.2　国内外拉铲应用综述

1.2.1　拉铲使用台数统计分析

20 世纪 90 年代在美国露天煤矿中使用的拉铲规格及使用台数如表 1.1 所示,拉铲分布情况如图 1.2 所示。由表 1.1 可以看出,20 世纪 90 年代在美国露天煤矿中使用的拉铲共有 101 台,勺斗容积范围为 30～107 m³,平均勺斗容积约为 58 m³。从图 1.2 中可以看出,20 世纪 90 年代美国露天煤矿中使用的拉铲的勺斗容积大部分在 $50\sim80\ m^3$ 范围内,该部分拉铲占使用台数的 72.3%,勺斗总容积所占百分数的 81.8%。还有相当一部分露天煤矿使用 $30\ m^3$ 勺斗容积的小型拉铲,该部分拉铲勺斗总容积所占百分数的 10%。其他勺斗容积的拉铲使用较少。

表 1.1 20 世纪 90 年代美国露天煤矿拉铲应用情况

勺斗容积/m^3	使用台数/台	勺斗总容积/m^3	勺斗总容积所占百分数/(%)
30	19	581	10
38	7	268	4.6
50	17	845	14.5
61	30	1 835	31.5
80	26	2 087	35.8
107	2	214	3.6
总计	101	5 830	100.0

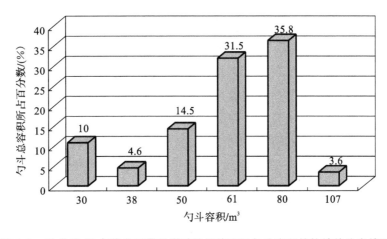

图 1.2 20 世纪 90 年代美国露天煤矿使用的不同勺斗容积的拉铲的分布情况

除美国外,20 世纪 90 年代世界其他国家的露天煤矿使用拉铲的情况如表 1.2(未包括苏联资料)所示,拉铲分布情况如图 1.3 所示。由表 1.2 可以看出,20 世纪 90 年代在世界其他国家的露天煤矿中使用的拉铲共有 142 台,勺斗容积范围为 $30\sim107\ m^3$,平均勺斗容积约 53 m^3。从图 1.3 中可以看出,20 世纪 90 年代在世界其他国家的露天煤矿中使用的拉铲的勺斗容积大部分在 $50\sim80\ m^3$ 范围内,该部分拉铲占使用台数的 71.1%,勺斗总容积所占百分数为 79.1%。还有相当一部分露天煤矿使用 $30\ m^3$ 勺斗容积的小型拉铲,该部分拉铲勺斗总容积所占百分数的 14.7%。其他勺斗容积的拉铲使用较少。

表 1.2 20 世纪 90 年代世界其他国家露天煤矿拉铲应用情况

勺斗容积/m³	使用台数/台	勺斗总容积/m³	勺斗总容积所占百分数/(%)
30	36	1 102	14.7
38	1	38	0.5
50	48	2 385	31.8
61	37	2 263	30.2
80	16	1 284	17.1
107	4	428	5.7
总计	142	7 500	100.0

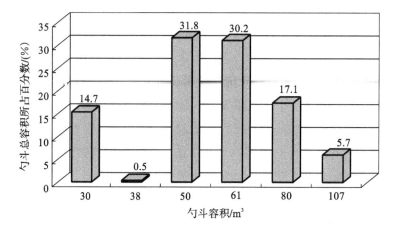

图 1.3 20 世纪 90 年代世界其他国家露天煤矿使用的不同勺斗容积的拉铲的分布情况

在我国露天煤矿中,拉铲倒堆开采工艺在应用方面尚处于阶段,研究领域内成果不多见。造成这一现状的主要原因有我国露天开采起步较晚、发展缓慢,大型机器设备设计和制造水平比较落后等。但是,从自然条件看,在我国已经或将要开发的适宜露天开采的大型、特大型煤田中,相当一大部分煤田具有采用拉铲倒堆开采工艺的有利条件,并且有望在近年内陆续有一些新建或改扩建的露天煤矿中使用拉铲倒堆开采工艺。

在神华准格尔能源有限责任公司黑岱沟露天煤矿拉铲工艺技术改造初步设计中,拟采用一台 Bucyrus 公司生产的 2570WS 型号拉铲开采 6 号煤层顶板以上 45 m 左右的岩石。现在拉铲设备已完成组装,投入使用。拉铲主要技术规格如表 1.3 所示。

表 1.3　黑岱沟露天煤矿采用的拉铲的规格

参　　数	数　　值	参　　数	数　　值
拉铲型号	Bucyrus2570WS	铲斗内物料的松方容重/(t/m³)	1.756
勺斗容积/m³	90	满斗系数	0.95
悬臂长度/m	100	平均铲斗装载量(实方)/m³	61.04
悬臂倾角/(°)	35	平均铲斗装载量(松方)/m³	85.50
悬臂高度/m	68.0	最大挖掘深度/m	61
底座直径/m	24.4	最大卸载高度/m	40.5
空斗质量/t	124.5	工作质量/t	5 600
额定荷载/t	274.6	台年生产能力/(Mm³/a)	22.50

神华北电胜利能源有限公司胜利一号露天煤矿是我国开发建设的大型露天煤矿。胜利一号露天煤矿的内、外部条件较好。根据胜利矿区总体规划安排,胜利一号露天煤矿由于赋存条件、煤质、基础设施等开发条件比较优越,被列为首先开发的矿田。胜利一号露天煤矿分两期建设,一期规模为年生产商品煤 10 Mt,二期规模为年生产商品煤 20 Mt(2015 年)。该露天煤矿的设计采用单斗挖掘机-自移式破碎站＋拉铲倒堆的综合开采工艺,即 6 号煤层顶板以上45 m 厚的岩石采用一台拉铲倒堆开采工艺,作业方式是联合扩展平台的作业方式,即该平台是由推土机推土降段和拉铲扩展作业联合形成的。拉铲站位于联合扩展平台上,将剥离物倒入内排土场。该露天煤矿采用 Bucyrus 公司生产的 1570WS 型拉铲,拉铲主要技术规格如表 1.4 所示。

表 1.4　胜利一号露天煤矿采用的拉铲的规格

参　　数	数　　值	参　　数	数　　值
拉铲型号	Bucyrus1570WS	底座直径/m	20.1
勺斗容积/m³	66	额定荷载/t	179.2
悬臂长度/m	106	最大挖掘深度/m	62.5
悬臂倾角/(°)	34	最大卸载高度/m	51.2
悬臂高度/m	69.2	工作质量/t	4 559

1.2.2　拉铲倒堆剥离量及相应煤炭产量统计分析

1997 年美国各州露天煤矿使用拉铲完成的剥采量如表1.5所示。由表 1.5

可见,1997 年用拉铲剥离的露天煤矿年产量占全美露天煤矿产量的 57.1%,占全美煤炭总产量的 1/3 以上。其中美国西部各州和海湾诸州露天煤矿用拉铲剥离的年产量居主导地位,达 96% 左右,波德河煤田年产量也在 60% 以上。1997 年在全美 39 个较大的露天煤矿中,用拉铲倒堆剥离的露天煤矿有 32 个,占 82%。

1998 年世界其他国家使用拉铲完成的剥采量如表 1.6 所示。由表 1.6 可见,1998 年世界其他国家用拉铲剥离的露天煤矿年产量占本国煤炭总产量的比重已超过 1/3,其中澳大利亚、加拿大、南非等占较大份额,后起的印度也发展迅速。

表 1.5　1997 年美国露天煤矿拉铲剥离情况

露天煤矿	全美露天煤矿		拉铲倒堆露天煤矿			
	矿个数/个	1997 年产量 (A)/Mt	矿个数 /个	拉铲台数 /台	1997 年产量 (B)/Mt	B/A/(%)
阿巴拉契亚 露天煤矿	571	132.6	9	9	22.9	17.26
中西部 露天煤矿	129	75.9	9	11	13.4	17.65
海湾诸州褐煤 露天煤矿	12	56.9	10	25	54.7	96.13
波德河煤田	21	305.4	10	17	196.7	64.41
西部露天煤矿	35	98.5	18	39	94.5	95.93
合计	768	669.3	56	101	382.2	57.1

表 1.6　1998 年世界其他国家露天煤矿拉铲剥离情况

国　　家	露天煤矿/个	煤炭总产量 (A)/Mt	拉铲总数/台	拉铲剥离煤炭 产量(B)/Mt	B/A/(%)
澳大利亚	25	355.0	61	134.0	38
南非	10	222.0	25	76.0	34
加拿大	12	75.0	22	40.0	53
印度	9	323.0	17	73.0	23
其他	13	133.0	17	57.0	43
合计	69	1 108.0	142	380.0	34

我国胜利一号露天煤矿采用一台拉铲倒堆作业,倒堆台阶年开采总量为 17.28 Mm³,除去抛掷爆破和推土机扩展平台作业外,拉铲每年倒堆工程量为 12.56 Mm³,煤炭产量约为 13 Mt/a。黑岱沟露天煤矿采用一台拉铲倒堆作业, 倒堆台阶年开采总量为 26.11 Mm³,除去抛掷爆破和推土机扩展平台作业外, 拉铲每年倒堆工程量为 18.27 Mm³,煤炭产量约为 20 Mt/a。

1.2.3 拉铲制造厂商及拉铲使用寿命

拉铲制造厂商集中在美国,美国原有多家拉铲制造厂商,经兼并,目前只剩 2 家,即 Bucyrus 公司和 P&H 公司。Bucyrus 公司于 1888 年建厂,兼并了生产 拉铲的 Marion 公司,在世界的市场占有率达到 92%。P&H 公司于 1884 年建 厂,市场占有率为 8%,生产的拉铲勺斗容积从 30 m³ 到 170 m³ 不等。P&H 公 司可根据现场需要的规格参数设计、生产拉铲。这两个拉铲制造厂商制造技术 手段完备,具有严格的生产组织程序。Bucyrus 公司所制造的部分拉铲的型号 及规格如表 1.7 所示。P&H 公司所制造的部分拉铲的型号及规格如表 1.8 所 示。我国的太原重型机械集团有限公司曾生产过 20 台臂长为 40 m、勺斗容积 为 4 m³ 的小型拉铲以用于水利工程。该公司非常看好拉铲的应用前景,曾着手 与国外合作制造拉铲。

表 1.7 Bucyrus 公司所制造的部分拉铲的型号及参数

拉铲型号	臂长/m	倾角/(°)	拉铲作用半径/m	额定荷载/t	卸载高度/m	下挖深度/m	底座直径/m
2570WS	109.7	30	106.1	299.376	34.1	60.9	25.6
2570WS	109.7	35	100.9	310.716	41.8	60.9	25.6
2570WS	109.7	38	97.5	317.520	46.3	60.9	25.6
2570WS	115.8	30	111.3	210.017	37.2	60.9	25.6
2570WS	115.8	35	105.8	223.625	45.4	60.9	25.6
2570WS	115.8	38	102.1	237.233	50.3	60.9	25.6
2570WS	121.9	30	116.4	205.027	40.5	60.9	25.6
2570WS	121.9	35	110.9	218.635	49.1	60.9	25.6
2570WS	121.9	38	107.0	232.243	54.3	60.9	25.6
2570WS	128.0	30	121.9	254.016	43.6	67.1	25.6

拉铲型号	臂长/m	倾角/(°)	拉铲作用半径/m	额定荷载/t	卸载高度/m	下挖深度/m	底座直径/m
2570WS	128.0	35	115.8	265.356	52.7	67.1	25.6
2570WS	128.0	38	111.9	274.428	58.2	67.1	25.6
2570W	103.6	30	100.6	235.872	36.0	51.8	22.6
2570W	103.6	34	96.0	249.480	42.7	54.9	22.6
2570W	103.6	38	92.7	265.356	47.2	45.7	22.6
2570W	109.7	30	104.5	215.460	36.9	48.8	22.6
2570W	109.7	34	100.9	229.068	45.1	45.7	22.6
2570W	109.7	38	97.5	242.676	49.1	42.7	22.6
2570W	115.8	30	111.3	210.017	39.9	51.8	22.6
2570W	115.8	34	105.8	223.625	48.2	48.8	22.6
2570W	115.8	38	102.1	237.233	53.0	45.7	22.6
2570W	121.9	30	116.4	205.027	43.0	54.9	22.6
2570W	121.9	34	110.9	218.635	51.8	51.8	22.6
2570W	121.9	38	107.0	232.243	57.0	48.8	22.6
1570WS	103.6	30	99.7	215.460	37.5	62.5	20.1
1570WS	103.6	34	96.0	226.800	42.7	62.5	20.1
1570WS	103.6	38	91.7	242.676	47.9	62.5	20.1
1570WS	109.7	30	105.2	190.512	41.1	62.5	20.1
1570WS	109.7	34	100.9	201.852	47.2	62.5	20.1
1570WS	109.7	38	96.6	215.460	53.0	62.5	20.1
1570WS	115.8	30	110.3	163.296	44.5	62.5	20.1
1570WS	115.8	34	106.1	179.172	51.2	62.5	20.1
1570WS	115.8	38	101.2	195.048	57.6	62.5	20.1
1570WS	121.9	30	115.5	149.688	48.2	62.5	20.1
1570WS	121.9	34	111.3	158.760	55.2	62.5	20.1
1570WS	121.9	38	106.1	174.636	61.6	62.5	20.1
1370W	86.9	30	84.4	142.884	28.0	54.9	17.7
1370W	86.9	38	77.7	145.152	38.1	45.7	17.7

表 1.8　P&H 公司所制造的部分拉铲的型号及规格

类　　型	型　　号	最大勺斗容积/m³	臂长/m
迈步式	736	22.2	53.3～79.2
	752	35	73.2～97.5
	757	57.3	83.8～106.7
	9020	91.8	88.4～123.4
	9160	122.3	99.1～129.5

20 世纪 90 年代所做的拉铲使用寿命统计如表 1.9 所示。从表 1.9 中可以看出,大部分拉铲已使用 11～30 a,占使用拉铲的 80%～90%,有些拉铲已使用 30 a 以上。实践证明,拉铲可保持很长的使用寿命。

表 1.9　20 世纪 90 年代所做的拉铲使用寿命统计

序　　号	拉铲使用年数/a	拉铲数量百分比/(%)	
		美国	其他国家
1	1～10	3	17
2	11～20	18	42
3	21～30	71	35
4	>31	8	6
合计		100	100

1.2.4　拉铲倒堆开采工艺优化系统研究现状

根据掌握的资料情况,国内外现在还没有一套比较成熟的、正在应用的拉铲倒堆开采工艺优化系统。张幼蒂、李克民开展了拉铲设备选型模拟软件系统及作业参数方面的应用研究,但还不完善。该软件没有将抛掷爆破爆堆形状考虑进去,也没有考虑推土机降段扩展平台作业。该软件提出了拉铲的可行方案,但没有优化功能。

在设计方面,中煤科工集团沈阳设计研究院有限公司和中煤西安设计工程有限责任公司为黑岱沟露天煤矿和胜利一号露天煤矿做过可行性研究和初步设计,有一定的设计经验,但是设计手段还比较落后,都是基于 AutoCAD 软件进行手工模拟作业,不仅计算周期长、精度差,而且由于参与比选的方案少,得到的优化方案的可靠性较差。

1.3 问题的提出和研究意义

我国已经或将要开发的 13 个适合露天开采的大型、特大型煤矿(区)的基本赋存条件如表 1.10 所示。由表 1.10 可见,在 13 个大型、特大型矿区中,相当大部分煤田具有采用拉铲倒堆开采工艺的有利条件。概要分析如下。

(1)煤层埋藏倾角多数在 10°以下,属近水平或缓倾斜煤层,是采用拉铲倒堆剥离最必需的也是最重要的赋存条件。

(2)煤层数目不多,主采煤层多为 1～3 层,煤层结构不复杂,煤层厚度不过大,不致成为限制采用拉铲倒堆剥离工艺的因素。

(3)剥离物岩性多在中硬以下,各煤田岩层厚度大小不一,各自具备全部或部分剥离物采用拉铲倒堆剥离的条件。

(4)多数煤田面积大,储量丰富,有足够空间用于安排必要长度的工作线并充分发挥拉铲生产能力。

表 1.10 我国 13 个露天煤田的赋存条件

矿 区	煤 层				剥 离 物		
	平均厚度 /m	主采层数 /层	倾角/(°)	结 构	覆盖层厚 /m	岩 性	剥采比 /(m³/t)
平朔	30	3	<10	较简单	100～200	$f=4～6$	5.59
准格尔	33.65	3	5～10	简单	0～110	$f=3.4～6$	5.59
神府	17.73	3	1～2	简单	23～60	中硬	6.16
东胜	10.4～27	2	1～2	简单	<70	中硬	2～5
胜利	34.23	5	3～4	较简单	0～200	中硬	2.5～2.6
河保偏	34.7	1～6	5～10	简单	100～170	中硬	4～6
伊敏	42	2～3	3～6	简单	5～20	$f=1～2$	3.13
霍林河	10～30	4	5～15	复杂		$f=4～5$	4～5
元宝山	76.7	2	3～8	较简单		软～中硬	3.96
宝日希勒	44.82	5	5～10	较简单	20～100	中硬	3.87
昭通	18～55	3	3～10	简单		软	1.6
小龙潭	70		8～20	简单		软	0.84
乌鲁木齐		2	45	复杂			

综合看来,我国有相当多的大型煤田具备采用拉铲倒堆开采工艺的基本条件,有望建设一批采用这种先进剥离方法的高产高效露天煤矿,从而为加快露天采煤的发展、大幅度提高矿山的经济效益开创一条新的技术途径。针对这些煤田研究拉铲倒堆开采工艺,是我国露天采煤的一项新课题。

目前,在我国煤炭生产形势大好的情况下,要抓住机遇,迎接挑战。为实现我国煤炭生产的可持续发展,应在条件优越的矿区率先进行研究,集中投入资金、设备,尽早实施。准格尔矿区、胜利矿区可能成为成功的先驱者,在设计与建设其他矿区的过程中,应解放思想,对拉铲倒堆剥离工艺给予重视,根据矿区具体情况精心设计、大胆引用。与此同时,我国应该在软环境方面给予大力的扶持,集中设计院和高校一批优势力量开发一套适合我国露天煤矿拉铲倒堆开采工艺的软件产品,为我国尽早引进国外大型采矿设备,实现我国露天煤矿高产、高效、可持续发展打好基础。

1.4 研究内容

综上所述,我国有相当一大部分露天煤田具有采用拉铲倒堆开采工艺的有利条件。随着神华准格尔能源有限责任公司黑岱沟露天煤矿拉铲倒堆开采工艺的使用,可以预计,在不久的将来,我国将会有越来越多的大型露天煤矿引进这种开采工艺。由于拉铲属于巨型设备,单台设备投资高达数亿元,一般一个露天煤矿使用1~2台拉铲。拉铲投入生产后,是否得到成功应用,能否达到高产、高效的目的,是我们关注的问题。因此,对拉铲作业方式、剥采程序、设备选型与作业参数优化的研究就显得至关重要。鉴于我国在拉铲倒堆开采工艺的理论研究和设计方面起步较晚,生产实践不足的实际情况,本书结合我国露天煤矿的地质赋存条件和现有的开采技术条件,开发了一套功能比较完备的露天煤矿拉铲倒堆开采工艺优化系统,并以胜利一号露天煤矿和黑岱沟露天煤矿为应用实例,进行优化研究,从而研究我国露天煤矿拉铲倒堆开采工艺中拉铲设备选型的一般性原则和参数优化的方法,为我国露天煤矿早日采用拉铲倒堆开采工艺获得最佳经济效益做出一点探索和尝试。深入、系统地研究拉铲倒堆开采工艺在我国露天煤矿应用的一般性原则和方法,开发一套功能比较完善的拉铲倒堆开采工艺优化系统,无论是对我国露天开采学科方向建设,还是对我国露天采矿设计理论、开采技术、工程设计和生产实践,都具有重要的意义。

本书研究内容主要包括以下几个方面。

（1）在收集大量的露天煤矿地质资料、分析我国露天煤矿地质赋存条件的基础上，结合拉铲倒堆开采工艺的特点，研究我国露天煤矿拉铲倒堆开采工艺适宜的作业范围和剥采程序，以及适合我国露天煤矿拉铲倒堆工艺的作业方式。

（2）收集国外拉铲倒堆开采工艺参数和地质技术条件，结合我国露天煤矿地质条件的特点，对拉铲倒堆开采工艺进行详细的分类，并针对不同的工艺系统介绍拉铲倒堆开采工艺典型的作业方式和开采参数的计算方法。

（3）研究拉铲倒堆开采工艺的倒堆台阶工作线长度和倒堆台阶工作面参数等诸多参数的选取原则和确定方法。

（4）露天煤矿拉铲倒堆开采工艺优化涉及矿床赋存条件、露天煤矿年产量要求及剥采作业等多项因素，因此拉铲倒堆开采工艺优化是一个复杂的过程，采用传统的手工作业方式难以做出优化选择。本书研究拉铲倒堆开采工艺优化的基本思路与方法，采用计算机模拟技术，建立拉铲倒堆开采工艺优化的数学模型。

（5）在系统分析研究的基础上，建立拉铲倒堆开采工艺中推土机降段高度优化模型，对长臂小斗方案和短臂大斗方案提出拉铲悬臂长度和勺斗容积的优化模型。

（6）基于上述研究成果，以 Visual Basic 为开发环境，以 Microsoft Access 为后台数据库，开发功能比较完善的露天煤矿拉铲倒堆开采工艺优化系统。

（7）以胜利一号露天煤矿和黑岱沟露天煤矿为应用实例，介绍露天煤矿拉铲倒堆开采工艺优化系统的使用方法和操作步骤，并对这两个露天煤矿进行优化研究，从而研究我国露天煤矿拉铲倒堆开采工艺应用的一般性原则和方法，并与中煤科工集团沈阳设计研究院有限公司的设计结果进行经济和技术上的对比，验证优化系统的准确性、可靠性和实用性。

1.5　主要创新点

本书取得了以下创新性成果。

（1）结合我国露天煤矿开采深度较大、覆盖层厚度大、煤层厚等特点，提出了露天煤矿拉铲倒堆开采工艺适宜的作业范围，即使用拉铲倒堆开采工艺剥离采场最下部煤层顶板以上部分或全部岩石。

（2）从工程实际出发，结合我国露天煤矿地质条件的特点和现阶段我国露天煤矿的生产技术水平，提出了适合我国露天煤矿的拉铲倒堆开采工艺作业方式，即抛掷爆破＋推土机降段扩展平台＋拉铲扩展平台的联合作业方式。

（3）针对拉铲倒堆联合作业方式，提出了剥采设备分别由两端向中央推进的两翼交替作业的剥采程序。

（4）针对拉铲倒堆联合作业方式中推土机与拉铲作业量和作业费用的关系，提出了拉铲倒堆开采工艺中推土机降段高度优化模型。

（5）在拉铲倒堆联合作业方式下，针对不同型号的拉铲，提出了长臂小斗方案和短臂大斗方案，并对这两种方案提出了拉铲悬臂长度和勺斗容积的优化模型。

（6）基于以上研究，以 Visual Basic 为开发环境，以 Microsoft Access 为后台数据库，开发了露天煤矿拉铲倒堆开采工艺优化系统，为我国露天煤矿拉铲倒堆开采工艺的研究、设计和实践提供了简单实用的优化手段，为深入、系统地研究我国露天煤矿拉铲倒堆开采工艺应用的一般性原则和方法提供了通用的工具。这无论是对我国露天开采学科方向建设，还是对我国露天采矿设计理论、开采技术和生产实践，都具有重要的意义。

第2章 拉铲倒堆开采工艺及其参数计算

本章首先分析了拉铲倒堆开采工艺的适用条件和国内外使用拉铲倒堆开采工艺的露天煤矿的地质技术条件,提出了我国露天煤矿拉铲倒堆开采工艺作业的范围;然后详细描述了拉铲倒堆开采工艺的分类,并针对不同的工艺系统分析了拉铲倒堆开采工艺典型的作业方式和开采参数的计算方法;最后提出了拉铲倒堆初始倒堆空间的计算方法、拉铲倒堆开采工艺剥离和采煤工作面的平面布置方式及其在时空上的配合关系,提出了适合我国露天煤矿的拉铲倒堆开采工艺剥采程序。

2.1 拉铲倒堆开采工艺的适用条件

在露天开采工艺中,拉铲倒堆开采工艺是一种技术成熟、设备可靠的开采工艺。该工艺在美国、加拿大、澳大利亚等国的露天煤矿得到了成功的应用。在条件适宜时,拉铲倒堆开采工艺能获得优异的技术经济指标,剥采比可达 18 m^3/t,最高可达 30 m^3/t,员工效率可达 243 t/工。但拉铲倒堆开采工艺也有一定的适用条件,如表 2.1 所示。概述如下。

(1)拉铲倒堆开采工艺适用于倾角小于 8°的近水平或缓倾斜煤层,如果岩石坚硬,能保证排土场的稳定,则倾角可以大一些,可以达到 15°。反之,如果煤层底板下有弱层,或含水且疏干不完全,则拉铲倒堆开采工艺只能在倾角比较小的矿床中应用。这是拉铲倒堆开采工艺最必需的,也是最重要的适用条件。

(2)采用拉铲倒堆开采工艺,煤层数目不宜多,主采煤层多为 1~3 层,煤层结构不复杂,煤层厚度不过大(煤层结构、煤层厚度应不至于成为限制采用拉铲倒堆开采工艺的因素)。

(3)拉铲倒堆开采工艺主要用来挖掘松散的或者固结但不致密的松软土岩

15 ・

及有用矿物。在爆破质量较好、块度比较均匀的条件下,拉铲倒堆开采工艺也可以挖掘中硬甚至硬度很大的岩石。

(4)采用拉铲倒堆开采工艺,要求煤田面积较大、储量丰富,有足够空间安排长度足够的工作线,并充分发挥拉铲的生产能力。

表 2.1　拉铲倒堆开采工艺适用条件

倾角/(°)		岩　　性	剥离厚度/m		煤层厚度/m	
一般岩石	坚硬岩石		一般	最大	一般	最大
0～10	15	从软到坚硬	20～40	65	10～20	38

表 2.2 和表 2.3 所示分别为美国和苏联部分采用拉铲倒堆开采工艺的煤田(矿田)情况,其中部分是机械铲倒堆的数据。

表 2.4 所示为神华准格尔能源有限责任公司应 P&H 公司和 Bucyrus 公司的邀请,2002 年赴加拿大和美国考察所获得的使用拉铲倒堆开采工艺的露天煤矿的情况。

表 2.2　美国部分采用倒堆开采工艺的煤田的赋存情况

矿　　名	煤层数/层	煤层总厚/m	剥离厚度/m	剥采比/(m³/t)
布莱克梅隆	1	0.54	19.5	30
维利斯维尔	2	2.7	30	18
里费库因	3	1.9	38	17
布里吉尔	2	7.3	37	4.25
科瑞克	2	9.1	25	2.3
马克吐温	2	0.75	12.9	13.7

表 2.3　苏联部分采用倒堆开采工艺煤田的赋存情况

矿　　名	煤层总厚/m	剥离厚度/m		倾角/(°)
		范　　围	平　　均	
拉伊钦斯克	5.0	3～70	20～35	0
阿尔班斯克(堪斯克-阿尔钦克)	20.0	2～95	25～35	2～3
切略姆霍夫斯克	7.0	10～50	30～35	0
斯沃波德	20.0	28～110	35～50	0
伊尔库斯科	10.0	5～78	40	1～3
莫斯科近郊煤田	2.0	—	30～35	0
耶扎罗夫斯克	15.0	4～48	25	1～1.5

表 2.4　美国和加拿大使用拉铲倒堆开采工艺的部分露天煤矿的赋存情况

矿　　名	国　　别	煤层数/层	煤层厚度/m	剥离厚度/m	剥采比/(m³/t)
安斯坦露天煤矿	加拿大	2	1~5	上采 5 下采 35~40	10~10.8
绕兹尔露天煤矿	美国	1	18	40	2.53
黑雷露天煤矿	美国	1	21	46	2.69
"羊矿"	美国	1	18~20	60	2.53
吉喔特	美国	4~5	0.6~3	30~65	13
大布仞褐煤露天煤矿	美国	1~3	0.92~1.53	26~30	13
南温飞德褐煤露天煤矿	美国	1~3	1.22~1.53	30~40	——

　　我国露天煤田一般开采深度较大,并且覆盖层一般比较厚,在 100 m 以上。平朔矿区覆盖层厚度等值线图如图 2.1 所示。从图 2.1 中可以看出,该矿区覆盖层厚度分布在 80~160 m 范围内。胜利矿区覆盖层厚度等值线图如图 2.2 所示。从图 2.2 中可以看出,该矿区覆盖层厚度分布在 30~140 m 范围内,覆盖层厚度由东南向西北逐渐增厚。准格尔矿区覆盖层厚度等值线图如图 2.3 所示。从图 2.3 中可以看出,该矿区覆盖层厚度分布在 140~220 m 范围内。在我国,露天煤矿全部剥离物采用拉铲倒堆开采工艺的可能性很小,一般上部采用其他开采工艺,下部采用拉铲倒堆开采工艺,并且使用拉铲倒堆剥离采场最下部煤层顶板以上部分或全部岩石,如图 2.4 所示。

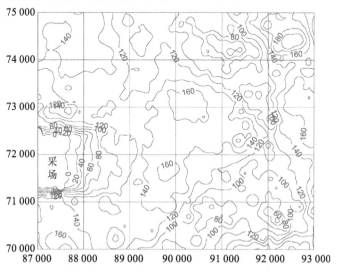

图 2.1　平朔矿区覆盖层厚度等值线图

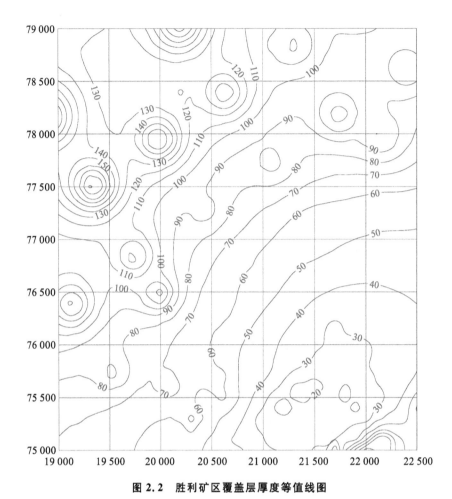

图 2.2　胜利矿区覆盖层厚度等值线图

表 2.5 所示为我国使用拉铲倒堆开采工艺的黑岱沟露天煤矿和胜利一号露天煤矿的情况。

表 2.5　我国使用拉铲倒堆开采工艺的两个露天煤矿的赋存情况

矿　　　名	主采煤层数/层	煤层厚度/m	剥离对象	剥采比/(m³/t)
黑岱沟露天煤矿	1	30	煤层上 45 m 的岩石	4.90
胜利一号露天煤矿	2	18~36	下部主采煤层上 45 m 岩石	2.22

从表 2.2~表 2.5 中可以看出,由于以前用于倒堆的机械铲和拉铲线性尺寸都比较小,所以倒堆剥离物的厚度也较小。现在,用于露天煤矿倒堆开采工艺的拉铲具有挖掘深度大、作用半径大和采用迈步式行走装置而对地比压低等优点,拉铲倒堆开采工艺已经基本取代了机械铲倒堆开采工艺,在倒堆开采工

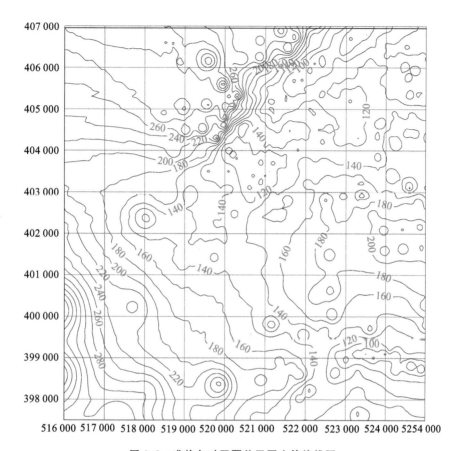

图 2.3　准格尔矿区覆盖层厚度等值线图

艺中占据主导地位。并且,随着现代制造工艺的不断完善,拉铲的线性尺寸不断增大,拉铲的生产能力不断增大,拉铲可以倒堆剥离的覆盖物的厚度也不断提高。例如,世界上最大的拉铲制造厂商——Bucyrus 公司生产的 2570WS 型拉铲,臂长可以达到 128 m,勺斗容积可以达到 138 m³,最大额定荷载为 362.9 t,最大工作质量可以达到 7 271 t,剥离台阶高度可以在 60 m 以上,年平均生产能力可以达到 24.2 Mm³。

表 2.6 所示是我国的两个露天煤矿采用的拉铲的规格和开采参数。我国神华准格尔能源有限责任公司黑岱沟露天煤矿采用 Bucyrus 公司生产的 2570WS 型拉铲剥离 6 煤以上 45 m 厚的岩石,剥离台阶宽度为 60 m,勺斗容积为 90 m³,作业半径为 100 m。神华北电胜利能源有限公司胜利一号露天煤矿采用 Bucyrus 公司生产的 1570WS 型拉铲剥离 6 煤以上 45 m 厚的岩石,剥离台阶宽度为 60 m,勺斗容积为 66 m³,作业半径为 106 m。

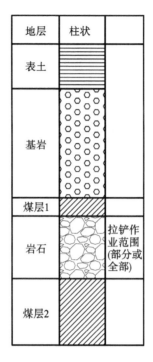

地层	柱状	
表土		
基岩		
煤层1		
岩石		拉铲作业范围(部分或全部)
煤层2		

图 2.4   露天煤田典型地层柱状及拉铲作业范围示意图

表 2.6   我国两个露天煤矿采用的拉铲的规格和开采参数

矿　　　名	拉铲规格				剥离台阶		煤　　层
	型　　号	作业半径/m	斗容/m³	悬臂倾角/(°)	高度/m	宽度/m	厚度/m
黑岱沟露天煤矿	2570WS	100	90	35	45	60	30
胜利一号露天煤矿	1570WS	106	66	34	45	60	38

2.2   拉铲倒堆开采工艺的分类

根据倒堆次数,拉铲倒堆开采工艺可以分为简单拉铲倒堆开采工艺和复杂拉铲倒堆开采工艺。

简单倒堆也称直接倒堆,是指拉铲将剥离物直接倒排至排土场。

复杂倒堆也称多次倒堆。当剥离物的厚度超过一定范围后,拉铲的线性参数已经不足以用来建立足够容积的排土场以容纳剥离物,必须将已经倒排至采空区的剥离物再倒一次或者数次,以便腾出更多的空间容纳剥离物。

简单拉铲倒堆开采工艺主要用于剥离物及有用矿物厚度不大的矿层。

我国许多露天煤矿煤层厚度一般较大(20~40 m),剥离层厚度也较大,因此常采用复杂拉铲倒堆开采工艺。

2.3　拉铲倒堆开采工艺参数计算

2.3.1　简单拉铲倒堆开采工艺

2.3.1.1　简单拉铲倒堆开采工艺系统的典型布置

简单拉铲倒堆开采工艺系统的典型布置有两种:一种是拉铲站位于剥离台阶顶盘,向下挖掘作业,将剥离物侧向倒入排土场,称为拉铲侧向直接倒堆,如图 2.5 所示;另一种是拉铲站立于剥离层的中部工作平盘上,把剥离层分成上、下两个分台阶,分别上采和下采进行简单倒堆,称为拉铲超前台阶倒堆,如图 2.6 所示。

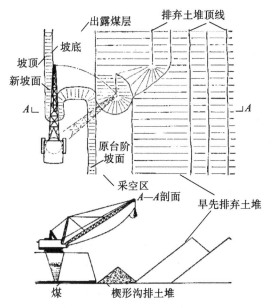

图 2.5　拉铲侧向直接倒堆

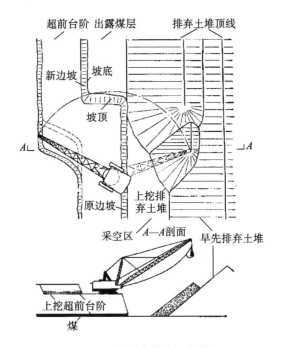

图 2.6　拉铲超前台阶倒堆

简单拉铲倒堆开采工艺系统的典型布置如图 2.7 所示。一台拉铲站立于上分台阶,将剥离物倒入排土场台阶的下部;另一台拉铲站立于下分台阶,将剥离物倒入排土场台阶的上部。

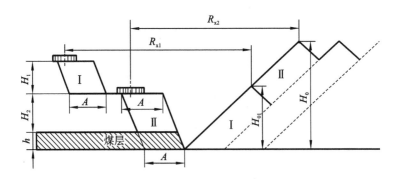

图 2.7　简单拉铲倒堆开采工艺的典型布置

H_1—上分台阶高度,m;H_2—下分台阶高度,m;h—煤层厚度,m;A—台阶宽度,m;

R_{x1}—上分台阶拉铲卸载半径,m;R_{x2}—下分台阶拉铲卸载半径,m;

H_{01}—上分台阶排弃高度,m;H_0—排土场高度,m

2.3.1.2 典型的简单拉铲倒堆开采工艺的特点和剥采程序

各种典型的简单拉铲倒堆开采工艺的特点和剥采程序如表 2.7 所示。

表 2.7 典型的简单拉铲倒堆开采工艺的特点和剥采程序

作 业 方 式	拉铲数量/台	剥离厚度	工艺特点及剥采程序
拉铲站位于剥离台阶顶盘下挖作业	1	大	拉铲站位于剥离台阶顶盘。 剥离和采煤工作顺序进行。拉铲到达尽头后空程返回,进行下一个采掘带的倒排工作,也可以在尽头处检修拉铲,等采煤设备到达后再开始回程作业
拉铲站位于下分台阶顶盘上、下挖作业	1	较大	剥离岩层分为两个台阶,拉铲站位于下分台阶顶盘,采用上、下挖方式进行作业。 剥离和采煤工作顺序进行。拉铲到达尽头后可以空程返回,也可等采煤设备到达后再开始回程作业
拉铲分别站位于上、下分台阶顶盘下挖作业	2	最大	工艺特点及剥采程序与上一类型相似,只是在每个分台阶顶盘都布置一台拉铲

2.3.1.3 拉铲倒堆下挖工艺系统参数计算

图 2.8 所示为拉铲倒堆下挖工艺系统参数计算示意图。

(1) 单位长度工作线剥离物体积 V_A:

$$V_A = A \cdot H \tag{2.1}$$

式中:A——采掘带宽度,m;

H——剥离台阶高度,m。

(2) 单位长度工作线所需的内排土场体积 V_b:

$$V_b = K_s \cdot V_A \tag{2.2}$$

式中:K_s——剥离物在排土场的松散系数。

(3) 作用半径 R:

$$R = H \cdot \cot\alpha + (K_s \cdot H + 0.25 \cdot A \cdot \cot\beta) \tag{2.3}$$

$$= (\cot\alpha + K_s \cdot \cot\beta) \cdot H + 0.25 \cdot A \tag{2.4}$$

式中:β——排土台阶坡面角,°;

α——剥离台阶坡面角,°;

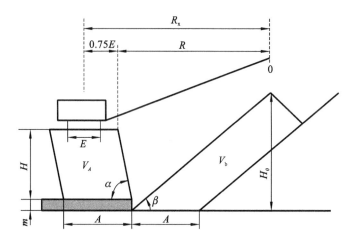

图 2.8 拉铲倒堆下挖工艺系统参数计算示意图

H—剥离台阶高度；m—煤层厚度；E—拉铲底座直径；A—采掘带宽度；

R_x—卸载半径；R—作用半径；H_0—排土场高度；V_A—剥离物体积；

V_b—内排土场体积；α—剥离台阶坡面角；β—排土台阶坡面角

其余符号意义同前。

（4）卸载半径 R_x：

$$R_x = R + 0.75 \cdot E \tag{2.5}$$

式中：E——拉铲底座直径，m；

其余符号意义同前。

（5）排土场高度 H_0：

$$H_0 = K_s \cdot H + 0.25 \cdot A \cdot \tan\beta \tag{2.6}$$

式中符号意义同前。

上述是按采煤台阶坡面角 $\delta = 90°$ 来计算的。若采煤台阶坡面角 $\delta \neq 90°$，则修正后的作用半径 R_0 为

$$R_0 = R + \Delta R \tag{2.7}$$

$$\tan\delta = \frac{m}{\Delta R} \tag{2.8}$$

$$\Delta R = m \cdot \cot\delta \tag{2.9}$$

式中：m——煤层厚度，m；

ΔR——作用半径修正值，m。

其余符号意义同前。

为了增加拉铲剥离厚度，拉铲可以兼做上挖和下挖作业。拉铲兼做上挖和

下挖作业的优点是有利于复田,增加剥离台阶的稳定性。但是这种剥离方式也有致命的弱点:上挖导致拉铲能力下降,所以上挖高度受限,一般上挖高度最好不大于 6 m,若上挖高度大于 12 m,拉铲效率下降超过 40%;由于上挖,物料会滚入拉铲附近,需要推土机进行清理,增加了推土机和拉铲作业间的矛盾。图 2.9 所示为拉铲倒堆上、下挖工艺系统参数计算示意图。

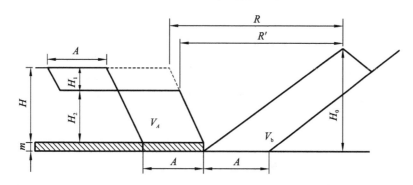

图 2.9　拉铲倒堆上、下挖工艺系统参数计算示意图

H—剥离台阶高度;m—煤层厚度;A—采掘带宽度;R—上分台阶作用半径;R'—下分台阶作用半径;
H_0—排土场高度;V_A—剥离物体积;V_b—内排土场体积;H_1—上分台阶高度;H_2—下分台阶高度

拉铲倒堆上、下挖工艺系统参数的计算方法和步骤与拉铲倒堆下挖工艺系统参数的计算方法和步骤相似,不同点如下。

(1)剥离台阶高度 H:

$$H = H_1 + H_2 \tag{2.10}$$

式中:H_1——上分台阶高度,m;

H_2——下分台阶高度,m。

(2)作用半径 R':

$$R' = R - H \cdot \cot\alpha \tag{2.11}$$

式中符号意义同前。

(3)卸载半径 R_x:

$$R_x = R' + 0.75 \cdot E \tag{2.12}$$

2.3.2　复杂拉铲倒堆开采工艺

2.3.2.1　复杂拉铲倒堆开采工艺的典型布置

复杂拉铲倒堆开采有以下几种作业方式。

(1) 拉铲站位于经推土机平整过的爆堆之上,将剥离物倒入内排土场,如图 2.10 所示。这是拉铲常用的最基本的复杂倒堆开采方式。图 2.10 中 R_x 表示拉铲卸载半径,其他符号意义同前。

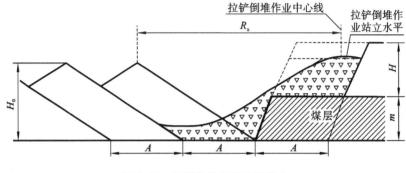

图 2.10　拉铲站位于平整爆堆上

(2) 拉铲站位于经推土机在爆堆上降段平整后的扩展平台之上,将剥离物倒入内排土场,如图 2.11 所示。图 2.11 中 R_x 表示拉铲卸载半径,其他符号意义同前。

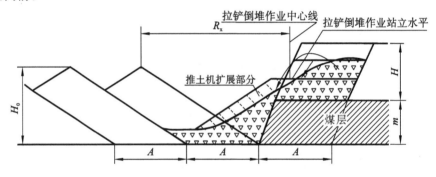

图 2.11　拉铲站位于推土机段扩展平台上

(3) 拉铲站位于自己在爆堆上建立的扩展平台之上,将剥离物倒入内排土场,如图 2.12 所示。图 2.12 中 R_x 表示拉铲卸载半径,其他符号意义同前。

(4) 拉铲先站位于爆堆上,把一部分剥离物倒入采空区,而后移位于采空区排弃的平台上,将剥离物倒入内排土场,如图 2.13 所示。图 2.13 中 R_{x1}、R_{x2} 表示拉铲卸载半径,其他符号意义同前。

(5) 联合扩展平台作业方式。该平台是推土机推土降段和拉铲扩展作业联合形成的。拉铲站位于联合扩展平台之上,将剥离物倒入内排土场,如图 2.14 所示。图 2.14 中 R_x 表示拉铲卸载半径,其他符号意义同前。

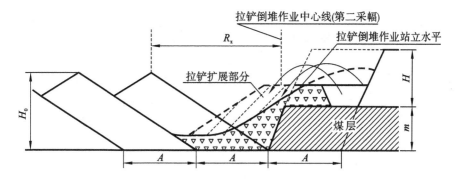

图 2.12　拉铲站位于自身建立的扩展平台上

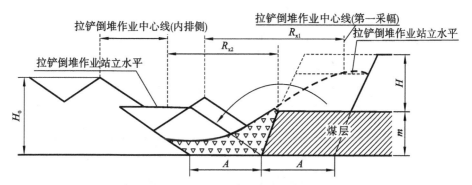

图 2.13　拉铲分别站位于倒堆侧和排土侧

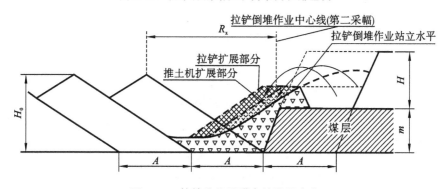

图 2.14　拉铲站位于联合扩展平台上

（6）两台拉铲联合倒堆作业方式。两台拉铲联合倒堆作业方式又称为主、辅铲联合倒堆作业方式,它与一台拉铲倒堆方式相似,只是一台拉铲站位于平整后的爆堆上(称之为主铲),另一台拉铲站位于平整后的内排土场上(称之为辅铲),两台拉铲联合作业,共同把剥离物倒排到指定位置。主、辅铲联合倒堆作业方式如图 2.15 所示,图中 R_{x1} 表示主铲卸载半径,R_{x2} 表示辅铲卸载半径,R_{x3} 表示辅铲作业半径,其他符号意义同前。

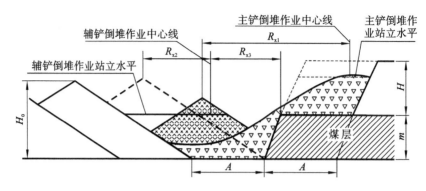

图 2.15　主、辅铲联合倒堆

2.3.2.2　典型复杂拉铲倒堆开采工艺的特点和剥采程序

各种典型复杂拉铲倒堆开采工艺的特点和剥采程序如表 2.8 所示。

表 2.8　典型复杂拉铲倒堆工艺的特点和剥采程序

作业方式	设备类型	工艺特点及剥采程序
拉铲站位于平整爆堆之上的作业方式	拉铲辅助设备	剥离物经过抛掷爆破后,用辅助设备将爆堆平整。拉铲站位于平整之后的爆堆上,直接将剥离物倒排至内排土场。当剥离台阶高度比较大或者矿层厚度较大时,拉铲的线性尺寸往往不能满足要求。 剥离和采煤工作顺序进行。拉铲到达尽头后空程返回,进行下一个采掘带的倒排工作,也可以在尽头处检修拉铲,等采煤设备到达后再进行回程作业
拉铲站位于推土机段扩展平台之上的作业方式	拉铲推土机	剥离物经过抛掷爆破后,用推土机将一部分剥离物(爆堆)推排至采空区,从而可以降低爆堆高度,然后平整爆堆、形成扩展平台,为拉铲倒堆作业做好准备。拉铲站位于扩展平台上,直接将剥离物倒排至内排土场。用大功率的推土机可以完成相当一部分剥离物的排弃工作,大大减少拉铲倒堆的工作量,从而减小拉铲的线性尺寸或者增加拉铲倒堆台阶的高度和宽度。 剥采程序同上
拉铲站位于自身建立的扩展平台之上的作业方式	拉铲	剥离物经过抛掷爆破后,用辅助设备将爆堆平整。拉铲站位于平整之后的爆堆上,将剥离物倒排至爆堆坡面上,形成扩展平台;然后拉铲站位于扩展平台上,将剥离物倒排至内排土场。当拉铲的线性尺寸不能满足工作要求时,拉铲自身可以形成比较宽的扩展平台,但二次倒堆量相应地增加。 剥采程序同上

作业方式	设备类型	工艺特点及剥采程序
拉铲分别站位于倒堆侧和排土侧的作业方式	拉铲	剥离物经过抛掷爆破后,用辅助设备将爆堆平整。拉铲站位于平整之后的爆堆上,受拉铲线性尺寸的限制,拉铲只能将剥离物倒排至采空区。然后拉铲走行到内排土场经过平整的台阶之上,将采空区内的剥离物倒排至内排土场。由于拉铲自身质量大、行走速度慢,在采场和排土场之间往返调动,拉铲的工作效率降低。 剥采程序同上
拉铲站位于联合扩展平台之上的作业方式	拉铲推土机	剥离物经过抛掷爆破后,用推土机将一部分剥离物(爆堆)推排至采空区,从而可以降低爆堆的高度,并且可以形成一定宽度的扩展平台,为拉铲倒堆作业做好准备。拉铲站位于降段平整之后的爆堆上,将一部分剥离物(爆堆)倒排至由推土机形成的扩展平台的坡面上,形成联合扩展平台;然后拉铲站位于联合扩展平台上,将剥离物倒排至内排土场。用大功率的推土机可以完成相当一部分剥离物的排弃工作,减少拉铲倒堆的工作量,并且推土机排土作业成本较低,可以降低生产成本。这种联合扩展平台的作业方式可以大大减小拉铲的线性尺寸,减少初期投资和生产成本,是一种相当经济实用的作业方式。 剥采程序同上
两台拉铲联合倒堆作业方式	两台拉铲	剥离物经过抛掷爆破后,用辅助设备将爆堆平整。主铲站位于平整之后的爆堆上,受拉铲线性尺寸的限制,拉铲只能将剥离物倒排至采空区。辅铲站立于排土台阶之上,将采空区内的剥离物倒排至内排土场。使用主、辅铲方案可以加大剥离台阶的高度和宽度,只要把剥离台阶的高度控制在可行的穿爆深度之内,采用主、辅铲方案就会对采矿作业十分有利,可以减少拉铲上部单斗铲的剥离工程量。这种作业方式的缺点是增加了投资。 剥采程序同上

2.3.2.3　拉铲倒堆下挖工艺系统参数计算

复杂倒堆时开采参数的计算方法与简单倒堆时基本相似。但在复杂拉铲倒堆开采工艺中还需要计算四个系数,即爆堆沉降率 λ、抛掷爆破有效抛掷率 μ_1、推土机有效排弃率 μ_2 和拉铲再倒堆率 η。

1. **爆堆沉降率 λ**

爆堆沉降率取决于岩石性质、岩石单位炸药消耗量、爆破方法以及起爆顺序等多种因素,应通过爆破试验来确定。在我国,可参照国外的实践经验确定爆堆沉降率。在拉铲倒堆开采工艺系统中,对于中硬岩石,均需要预先进行抛掷爆破。这样可以将部分剥离物抛至采空区,减少拉铲倒堆的工作量。

爆堆沉降率是指经过抛掷爆破后,剥离台阶下降的高度与爆破前的高度之比的百分率。抛掷爆破与爆堆沉降率计算示意图如图 2.16 所示。爆堆沉降率 λ 的计算公式为

$$\lambda = \frac{h}{H} \times 100\% \tag{2.13}$$

式中:h——爆堆沉降高度,m;

其余符号意义同前。

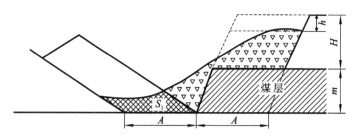

图 2.16 抛掷爆破与爆堆沉降率计算示意图

S_1—有效抛掷量;H—剥离台阶高度;h—爆堆沉降高度;A—采掘带宽度;m—煤层厚度

根据 2002 年 5 月神华准格尔能源有限责任公司、中煤科工集团沈阳设计研究院有限公司和中煤西安设计工程有限责任公司赴加拿大、美国对 7 个露天煤矿拉铲倒堆开采工艺技术考察的报告以及与美国 P&H 公司和 Bucyrus 公司的技术座谈会结果,抛掷爆破的爆堆形状由梯形和三角形组成。爆堆沉降率一般为 20%～45%。例如,美国黑雷露天煤矿,拉铲剥离台阶高度为 46 m,爆堆沉降高度为 15～20 m,爆堆沉降率为 32.6%～43.5%;神华准格尔能源有限责任公司黑岱沟露天煤矿拉铲倒堆技术改造初步设计中,设计的爆堆沉降率为30%。

2. **抛掷爆破有效抛掷率 μ_1**

抛掷爆破有效抛掷率是指抛掷到内排土场的不需要拉铲再倒堆的那部分剥离物的体积与全部爆破岩石体积之比的百分率。对于图 2.16,抛掷爆破有效抛掷率的计算公式为

$$\mu_1 = \frac{S_1}{H \cdot A \cdot K_s} \times 100\% \qquad (2.14)$$

式中：S_1——爆堆有效抛掷面积，m^2；

其余符号意义同前。

根据国外实践，抛掷爆破一般能把 $30\% \sim 60\%$ 的岩石抛掷到采空区，有效抛掷量可为抛到采空区的抛掷量的 $40\% \sim 70\%$，即抛掷爆破有效抛掷率可为 $12\% \sim 42\%$。抛掷量主要与台阶宽度和实体要求之比、炸药的性能及岩石裂隙的发育程度有关。

3. 推土机有效排弃率 μ_2

我国露天煤矿煤层厚度比较大，所选拉铲的线性尺寸往往不能满足简单倒堆的要求，必须采用复杂拉铲倒堆开采工艺系统。根据露天煤矿工程设计规范要求，宜采用推土机推排倒堆台阶（爆堆）上部岩层，或者采用扩展平台方式降低剥离台阶（爆堆）的高度。推土机生产成本比较低，大功率的推土机可以完成相当一部分的倒排工作量，可以将倒堆台阶（爆堆）降低 $10 \sim 20$ m，减小拉铲作业所需的线性尺寸，减少拉铲的工作量，降低生产成本。

推土机通常将剥离台阶剥离物（爆堆）推排至剥离台阶（爆堆）的坡面上，形成一定宽度的扩展平台。其中一部分排弃物直接推排至内排土场，而不需要拉铲再倒堆。

由推土机直接推排至内排土场的不需要拉铲再倒堆的那部分剥离物的体积与全部爆破岩石体积之比的百分率，称为推土机有效排弃率。在图 2.17 中，D 表示推土机降段高度，推土机有效排弃率计算公式为

$$\mu_2 = \frac{S_2}{H \cdot A \cdot K_s} \qquad (2.15)$$

式中：S_2——推土机有效推排面积，m^2；

其余符号意义同前。

4. 拉铲再倒堆率 η

在拉铲自身建立扩展平台作业方式和拉铲与推土机联合扩展平台作业方式下，拉铲将一部分剥离物倒排至采空区，其中一部分直接倒排至内排土场，其余部分需要拉铲二次倒排，称为再倒堆。

再倒堆工作量与全部爆破岩石体积之比的百分率称为拉铲再倒堆率。对于图 2.18，拉铲再倒堆率计算公式为

$$\eta = \frac{S_3}{H \cdot A \cdot K_s} \tag{2.16}$$

式中:S_3——拉铲再倒堆面积,m^2;

　　其余符号意义同前。

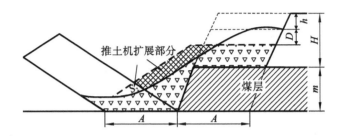

图 2.17　推土机扩展平台及推土机有效排弃率计算图

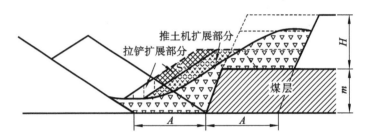

图 2.18　拉铲扩展平台及拉铲再倒堆率计算图

2.4　初始倒堆空间的计算

　　在建立正常的倒堆程序前,必须准备出必要的初始倒堆空间。初始倒堆空间可以用倒堆设备本身向开采境界外倒排剥离物的方法建立,也可以用其他的采运设备建立。初始倒堆空间与倒堆工艺方法有关。

2.4.1　简单拉铲倒堆开采工艺初始倒堆空间计算

　　简单拉铲倒堆开采工艺初始倒堆空间计算图如图 2.19 所示。在建立初始倒堆工作线前,必须准备出的倒堆空间底宽为 B'_0,以便容纳第一个采掘带的剥离物1,并在排土场形成一个三角锥 EFG。采矿工作滞后于剥离工作,并形成剥采台阶的外部轮廓 $knop$。剥采台阶和初始三角锥之间的宽度为一个实体采掘带宽度,因此,从第二个采掘带开始就可以进行正常的倒堆工作了。

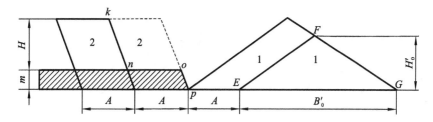

图 2.19 简单拉铲倒堆开采工艺初始倒堆空间计算图

对应于第一个采掘带的三角锥尺寸计算公式如下。

(1) 三角锥底宽 B'_0：

$$B'_0 = \sqrt{\frac{K_s \cdot A \cdot H}{0.25 \cdot \tan\beta}} \qquad (2.17)$$

式中符号意义同前。

(2) 三角锥高度 H'_0：

$$H'_0 = \sqrt{\frac{K_s \cdot A \cdot H}{\cot\beta}} \qquad (2.18)$$

式中符号意义同前。

2.4.2 复杂拉铲倒堆开采工艺初始倒堆空间计算

典型的复杂拉铲倒堆开采工艺初始倒堆空间计算图如图 2.20 所示。复杂拉铲倒堆开采工艺的初始倒堆空间除需容纳正常倒堆的剥离物外，还应保证这些剥离物所形成的排土场顶盘宽度能布置再倒堆设备并容纳再倒堆剥离物（当再倒堆设备设于排土场上时）。

初始若干个采掘带所形成的排土场高度应和正常倒堆时的排土场下分台阶高度一致。因此，初始若干个采掘带的剥离厚度根据排土场下分台阶高度做相应的调整。

(1) 第一个采掘带的剥离厚度 H'_1：

$$H'_1 = \frac{H_{01}^2 \cdot \cot\beta}{K_s \cdot A} \qquad (2.19)$$

式中：H_{01}——排土场下分台阶高度，m；

其余符号意义同前。

(2) 相应的第一个三角锥底宽 B'_{01}：

$$B'_{01} = \sqrt{\frac{K_s \cdot A \cdot H'_1}{0.25 \cdot \tan\beta}} \qquad (2.20)$$

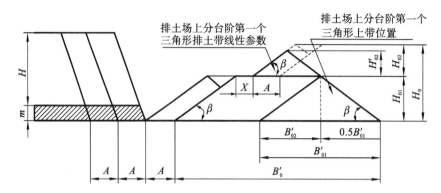

图 2.20 典型的复杂拉铲倒堆开采工艺初始倒堆空间计算图

式中符号意义同前。

（3）以后若干个采掘带剥离厚度 H'_i：

$$H'_i = \frac{H_{01} - 0.25 \cdot A \cdot \tan\beta}{K_s} \tag{2.21}$$

式中符号意义同前。

为了保证排土场下分台阶的顶宽能满足布置再倒堆设备并容纳再倒堆剥离量所形成的第一个三角锥的要求，排土场下分台阶 B'_0 的最小值应为

$$B'_0 = B'_{01} + B'_{02} + X \tag{2.22}$$

式中：B'_{02}——排土场上分台阶第一个三角锥排土带底宽，计算公式为

$$B'_{02} = \sqrt{\frac{4 \cdot H_{02} \cdot A}{\tan\beta} - A^2} \tag{2.23}$$

H_{02}——正常的排土场上分台阶高度，m；

X——排土场上分台阶第一个三角形排土带坡底与正常倒堆开始前排土场
　　　下分台阶坡顶之间的距离，m；

其余符号意义同前。

2.5　剥采工作面的平面布置及在时空上的配合

剥采工作面的布置方式有以下三种。

2.5.1　空程返回作业方式

空程返回作业方式如图 2.21 所示，采煤工作面滞后于拉铲剥离工作面，采

煤设备作业方向与拉铲作业方向相同,在采完一条采掘带后,设备沿各自站立水平空程返回至起始点并开始下一条采掘带的采掘工作。这种布置方式的优点是在两个采掘带之间的作业停顿时间较短;缺点是设备空程走行时间较长,如果采用抛掷爆破,拉铲到达端帮后,需要由倒堆作业站立的爆堆顶面水平升到倒堆台阶的顶面水平,空行至另一端帮后,还要由倒堆台阶的顶面水平下降到第二采幅站立水平,因此需要辅助设备完成拉铲走行的斜坡道,工程量较大,而且还占用工作平盘一定的宽度。

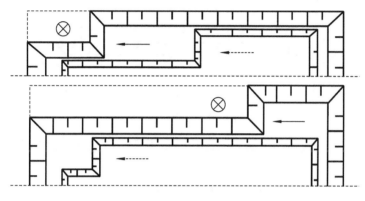

图 2.21　空程返回作业方式

⊗—拉铲作业位置;——拉铲作业方向;◄------—采煤设备作业方向

2.5.2　回程作业方式

回程作业方式如图 2.22 所示,当倒堆设备采完一条采掘带后并不立即空程返回,而是等采煤设备到达尽头后再开始回程作业。这种布置方式的缺点与空程返回作业方式相似,如果采用抛掷爆破,拉铲到达端帮后,需要辅助设备完成拉铲走行的斜坡道,增加工程量。

倒堆设备(或采煤设备)每年在尽头位置因等待而停产的总时间 T_d 为

$$T_{\mathrm{d}} = \frac{v \cdot l \cdot m}{Q_{\mathrm{c \cdot w}}} \tag{2.24}$$

式中: v ——工作线年推进强度,m;

l ——剥采设备间的实际距离,m;

m ——采矿台阶高度,m;

$Q_{\mathrm{c \cdot w}}$ ——采煤设备日平均能力,m^3 。

剥采设备在尽头的等待时间一般都用来进行计划检修。为此,在端帮应有足够的站立及检修宽度。为了保证按计划持续地向用户供应煤炭,可在采煤设备停止作业时,以其他区进行弥补或者通过地面储煤场进行调节。

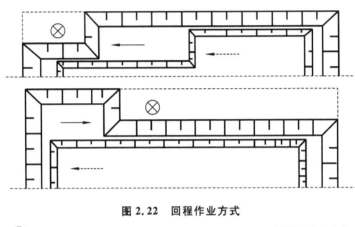

图 2.22　回程作业方式

⊗—拉铲作业位置；——拉铲作业方向；------—采煤设备作业方向

2.5.3　剥采设备两翼交替作业方式

剥采设备两翼交替作业一般适用于工作线较长的露天采场,具有两种方式。

一种是剥采设备分别由中央向两端帮推进的作业方式,如图 2.23 所示。这种布置方式的特点是将工作线分成两翼,剥采设备分别在两翼从采场中央向端帮进行采掘,到达端帮后空程返回,互相交换作业位置并开始另一翼的剥采工作。由于剥采设备分别在两翼进行作业,因此,这种作业方式可以避免剥采设备相互间的干扰。这种布置方式的缺点与前两种布置方式相似,需要辅助设备完成拉铲走行的斜坡道。

另一种是剥采设备分别由两端向中央推进的作业方式,如图 2.24 所示。将采场平均分为左、右两个采区。首先从左采区端帮开始,进行倒堆台阶的穿孔和抛掷爆破,然后拉铲站在经推土机降段整平的爆堆上进行倒堆作业。此时,采煤作业在右采区正常进行,运煤卡车由右端帮出入沟将煤运出。随着剥采工程的发展,左采区逐渐露出部分煤量,右采区煤量逐渐被采完,部分采煤设备移至左采区采煤。此时,在两个采区内都有采煤作业,两端帮出入沟同时使用。当采煤作业已完全转至左采区后,运煤卡车全部由左端帮出入沟将煤运

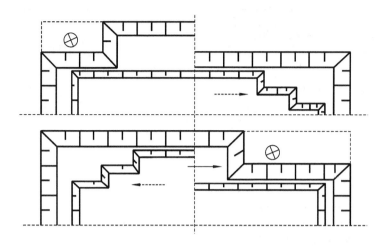

图 2.23　剥采设备分别由中央向两端推进的两翼交替作业方式

⊗—拉铲作业位置；━━━━—拉铲作业方向；┅┅┅┅—采煤设备作业方向

出,此时右采区进行岩石的穿孔和抛掷爆破。待左采区拉铲倒堆作业到两采区分界线后,由岩石爆堆顶部空行至右端帮,开始右采区的倒堆作业。直至采区中央完成倒堆作业,再空程至左端帮开始下一循环倒堆作业。这种布置方式的优点是不需要拉铲走行的斜坡道,因为拉铲到达中央位置时,另一端的剥离台阶已经完成抛掷爆破,拉铲不需要上升或下降作业,站立水平就可以到达另一端进行作业;缺点是拉铲完成一采区的倒堆作业后,另一采区的剥离台阶的抛掷爆破要全部完成,以便拉铲能够空行到端帮,开始另一采区的倒堆作业,加大了抛掷爆破工程的强度。

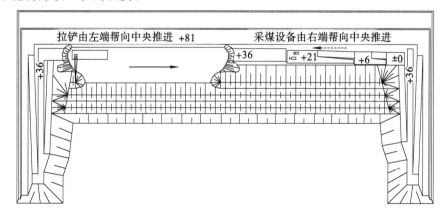

图 2.24　剥采设备分别由两端向中央推进的两翼交替作业方式

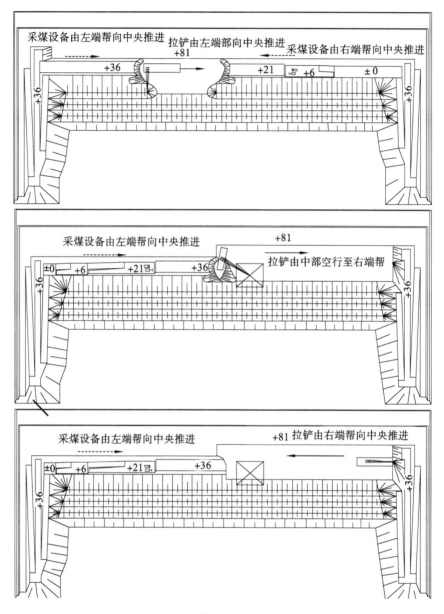

续图 2.24

　　我国改扩建或正在建设中的采用拉铲倒堆的大型和特大型露天煤矿,都采用拉铲剥离下部煤层顶板以上一定厚度的岩石,工作线长度都较长,如表 2.9 所示,并且都采用抛掷爆破,因此,我国的露天煤矿适宜采用剥采设备分别由两端向中央推进的两翼交替作业方式。采用这种布置方式,既减少了拉铲和采煤设备的空程走行时间,提高了时间利用率和生产效率,又减少了辅助设备的作业量,减少了拉铲和采煤设备与辅助设备之间的相互影响。

表 2.9　露天煤矿拉铲倒堆工作线长度和台阶参数

矿　　名	爆 破 形 式	拉铲剥离台阶位置	剥离台阶高度/m	倒堆工作线长度/m
黑岱沟 露天煤矿	抛掷爆破	6 煤顶板以上岩石	45	2 110
胜利一号 露天煤矿	抛掷爆破	6 煤顶板以上岩石	45	1 920

2.6　本 章 小 结

本章分析了拉铲倒堆开采工艺的适用条件,详细描述了拉铲倒堆开采工艺的分类,并针对不同的工艺系统分析了拉铲倒堆开采工艺典型的作业方式和开采参数的计算方法。本章主要研究内容总结如下。

(1) 拉铲倒堆开采工艺集采装、运输和排土于一身,节省了中间运输环节,被公认为是一种先进的、高效的露天采矿工艺。拉铲倒堆开采工艺的作业过程受气候条件、工艺环节等外部条件的影响小,作业时间长,设备的能力大,生产效率高,生产成本低。拉铲采用电力驱动,可以节约燃油,保护环境。拉铲倒堆开采工艺由于具有工艺简单、生产成本低、生产效率高等特点,在美国、加拿大、澳大利亚等国条件适宜的露天煤矿得到广泛的应用。但是拉铲是一个大型的采矿设备,价格昂贵。同时,由于拉铲质量大,行走缓慢,不宜频繁调动等原因,拉铲倒堆开采工艺的使用也受到煤层埋藏条件的严格限制,它仅在近水平煤田及具有内排条件的露天煤矿使用。

(2) 拉铲剥离中硬以上岩石时,需要采用抛掷爆破。根据国外的实践经验,抛掷爆破的爆堆形状由梯形和三角形组成。爆堆沉降率一般为 20%～45%,抛掷爆破一般能把 30%～60% 的岩石抛掷到采空区,有效抛掷量可为抛到采空区的抛掷量的 40%～70%,即抛掷爆破有效抛掷率可为 12%～42%。抛掷量主要和台阶宽度与实体要求之比、炸药的性能及岩石裂隙的发育程度等有关。

(3) 根据国外的实践经验,剥离物经过抛掷爆破后,用推土机将一部分剥离物(爆堆)推排至采空区,从而可以降低爆堆高度,并且可以形成一定宽度的扩展平台,为拉铲倒堆作业做好准备。拉铲站位于降段平整之后的爆堆上,将一部分剥离物(爆堆)倒排至由推土机形成的扩展平台的坡面上,形成联合扩展平台。然后拉铲站位于联合扩展平台上,将剥离物倒排至内排土场。用大功率的推土机可以完成相当一部分的剥离物排弃工作,形成比较宽的扩展平台(10～20 m 或者更宽),减少拉铲倒堆的工作量,并且推土机排土作业成本较低,可以降低生产成本。

(4)我国露天煤矿一般开采深度较大,覆盖层、岩石层和矿层厚度较大,全部剥离物采用拉铲倒堆开采工艺的可能性很小,一般上部采用其他开采工艺,下部采用拉铲倒堆开采工艺,并且使用拉铲倒堆开采工艺剥离采场最下部煤层顶板以上部分或全部岩石。

(5)我国目前改扩建和正在建设的大型和特大型露天煤矿工作线比较长(一般在 2 km 以上),采用拉铲倒堆经抛掷爆破的剥离物时宜采用剥采设备分别由两端向中央推进的两翼交替作业方式。

第3章 拉铲倒堆开采工艺优化模型研究

露天煤矿拉铲倒堆开采工艺优化是一个复杂的过程,涉及矿床赋存条件、露天煤矿年产量要求及剥采作业等多项因素。本章分析了影响露天煤矿拉铲倒堆开采工艺优化的倒堆台阶工作线长度和倒堆台阶工作面参数等诸多因素,提出了露天煤矿拉铲倒堆开采工艺优化的基本思路与方法,采用计算机模拟技术,建立了露天煤矿拉铲倒堆开采工艺优化的数学模型,在系统分析研究的基础上,提出了拉铲倒堆开采工艺中推土机降段高度优化模型,对长臂小斗方案和短臂大斗方案提出了拉铲悬臂长度和勺斗容积的优化模型。

露天煤矿拉铲倒堆开采工艺中使用的拉铲属于巨型设备,它集采掘、运输和排土于一体,年剥离量高达数千万立方米。

拉铲设备选型所涉及的因素甚广,主要有以下几项。

(1)矿床赋存条件,如煤层倾角、煤层厚度、剥离物厚度等。

(2)露天煤矿年产量。

(3)剥离物为坚硬物料时的爆破效果。

(4)拉铲台数及作业方式(如单铲或双铲作业,是否采用扩展平台作业方式,是否采用上挖式超前工作面方式,是否采用排土场再倒堆方式,等等)。

(5)剥离工作面尺寸(如剥离台阶高度、采掘带宽度等)。

(6)设备来源(涉及不同厂商制造的设备系列,采用或改造旧有设备的可能性等)。

拉铲倒堆开采工艺优化,首先应该确定拉铲倒堆开采工艺的开采参数。拉铲倒堆开采工艺的开采参数主要包括倒堆台阶工作线长度和倒堆台阶工作面参数。

3.1 拉铲倒堆开采工艺的开采参数

3.1.1 倒堆台阶工作线长度

倒堆台阶工作线长度与采煤工作线长度、端帮安全及运输平台宽度等有关。

3.1.1.1 最小的采煤工作线长度 L_{min}

最小的采煤工作线长度(L_{min})与矿山产量规模、煤层厚度、煤的密度、工作线推进强度有关,计算公式如下。

$$L_{min} = \frac{A_p}{v \cdot h \cdot \gamma \cdot d} \tag{3.1}$$

式中:A_p——设计的矿山产量,t/a;

v——工作线年推进强度,m;

h——煤层的纯煤可采厚度,m;

γ——纯煤密度,t/m³;

d——原煤系数。

3.1.1.2 剥离倒堆工作线长度 L_B

剥离倒堆工作线长度除了与采煤工作线长度有关外,还应该考虑两端帮运输平台的宽度和倒堆台阶端部自身的投影宽度。剥离倒堆工作线长度计算图如图3.1所示。

$$L_B = L_{min} + 2 \cdot \left[B + \left(H + \frac{1}{2}m \right) \cdot \cot\theta \right] \tag{3.2}$$

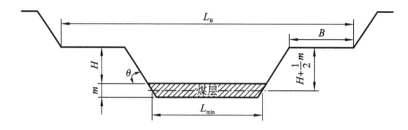

图 3.1 剥离倒堆工作线长度计算图

国外拉铲剥离多用于浅埋矿床,工作线长度达数公里甚至十余公里。部分矿山开采深度较大,工作线长度相对较短,如一些中型露天煤矿工作线长度为 1.05~1.5 km。特大型露天煤矿工作线长度多在 2 km 以上。

从剥采工艺角度来看,剥离工作线长度由穿爆区、倒堆区及采煤区组成。剥离工作线示意图如图 3.2 所示。

(1) 穿爆区长度 L_1:至少应满足 3 d 剥离量的要求。

(2) 拉铲倒堆作业区长度 L_2:按拉铲作业半径范围并考虑安全距离后确定。

(3) 采煤区长度 L_3:由于剥离倒堆空间的严格限制,采煤工程一般在剥离台阶之后进行,尽量不占据横向倒堆空间。

在图 3.2 中,采煤用横采方式,分为 2 个采煤台阶,上下台阶之间设有临时运煤斜坡道,相应采煤工作线长度就可以计算出来。

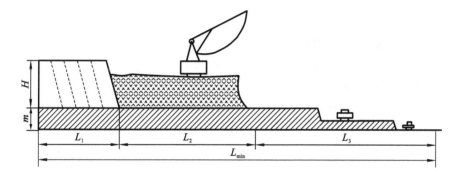

图 3.2　剥离工作线示意图

剥离台阶工作线长度按剥采工作线全长作业及剥采分区作业两种情况分别确定。

1. 工作线全长作业

最小的采煤工作线长度 L_{min} 为

$$L_{min} = L_1 + L_2 + L_3 \tag{3.3}$$

剥离台阶工作线全长 $L = K \cdot L_{min}$,可取系数 $K \geqslant 2 \sim 3$。

2. 剥采分区作业

拉铲倒堆剥离和下部煤层开采分别在两翼各自的分区交替作业时,最小的采煤工作线长度 L_{min} 为

$$L_{min} = \max\{L_1 + L_2, L_3\} \tag{3.4}$$

分区长度 $L' = K \cdot L_{min}$,可取系数 $K \geqslant 2 \sim 3$。

剥离台阶工作线全长 $L=2L'$。

3. 进一步确定 L 值应考虑的因素

进一步确定 L 值应该考虑以下因素。

（1）上部台阶卡车内排运距：L 越大，上部台阶卡车内排运距越大。

（2）露天煤矿基建工程量：L 越大，露天煤矿基建工程量越大。

（3）煤产量均衡保证程度：L 越大越有利。

（4）工作线年推进强度 v 及其对设备作业的影响：在一定的生产规模下，L 越大，v 越小，拉铲、胶带等的移设量相应越小。

（5）进一步增产的要求：L 越大，采场增产的潜力越大。

考虑前 2 项因素，宜取较短的剥离台阶工作线长度；而后 3 项因素要求取较长的剥离台阶工作线长度，因此剥离台阶工作线长度应根据矿山具体条件权衡确定。

3.1.2 倒堆台阶工作面参数

倒堆台阶工作面参数主要包括剥离台阶高度、煤层厚度、实体宽度、剥离台阶坡面角、采煤台阶坡面角、排土台阶坡面角、爆堆沉降高度、有效抛掷系数、爆堆形状、倒堆内排土场物料松散系数、倒堆内排土场高度和倒堆内排土场平均高度等，分述如下。

3.1.2.1 剥离台阶高度 H

剥离台阶高度是拉铲倒堆开采工艺开采参数中最重要的一个参数，它直接决定着主要生产工艺过程的设备效率和经济效益，同时影响到一系列工艺参数和指标。由于拉铲挖掘作业的最大高度和深度在理论上受到了拉铲自身的线性尺寸和稳定性的限制，因此，剥离台阶高度的极限应等于拉铲最大的允许挖掘深度，同时应考虑到台阶面上所使用的牙轮钻机最大的钻孔深度的限制。

研究表明，当剥离台阶高度高于 30 m 时，作业中拉铲的铲斗会出现漂移，台阶面的形成产生困难。另外，拉铲的操纵者也会由于在较高的工作面工作时视觉不好而出现一些问题。因此，为了确定最合理的剥离台阶高度，应根据具体情况选取不同的剥离台阶高度进行多方案比选。

剥离台阶高度的确定应考虑以下主要因素。

（1）煤层顶板待剥离硬岩层的厚度。

(2) 拉铲所能达到的下挖深度、上挖高度及卸载高度。受此限制,美国、澳大利亚等国实际采用的剥离台阶高度(指拉铲一次行程剥离台阶高度)一般不超过 60 m。

(3) 钻机最大钻孔深度。以 Bucyrus 公司生产的牙轮钻机为例,39-R 型牙轮钻机可用 5 节钻杆,每节钻杆长 13.5 m,最大钻深 $H_{max}=5\times13.5\text{ m}\times\sin75°=65.2$ m;49-R 型牙轮钻机最大钻深 $H_{max}=4\times19.8\text{ m}\times\sin75°=76.5$ m。

(4) 剥离台阶高度的经济合理值。剥离台阶高度的经济合理值应结合拉铲规格的选择进行综合优化。

(5) 剥离台阶高度影响运煤系统的合理设置,因此确定剥离台阶高度时也应综合考虑运煤系统的合理设置。

3.1.2.2 煤层厚度 m

煤层厚度应根据煤层赋存情况来确定。当煤层厚度变化不大时,可以采用煤层的平均厚度作为煤层厚度;当煤层厚度变化较大时,可以采用统计方法统计煤层厚度的频率,选取一定累计频率的厚度作为煤层厚度。

3.1.2.3 实体宽度 A

实体宽度即剥离台阶宽度,又称实体采宽,用 A 表示。

1. 实体宽度的计算方法

计算实体宽度的方法有以下四种。

(1) 拉铲最大采宽法。

(2) 拉铲最小采宽法。

(3) 经验公式法。

(4) 运煤设备占用宽度法。

前两种方法仅具有理论意义,而无实用价值,这里仅介绍后两种方法。

2. 实体宽度的确定

(1) 按经验公式法确定实体宽度:

$$A=(0.4\sim0.7)\cdot R_x \qquad (3.5)$$

式中:R_x——拉铲最大卸载半径,m。

不同型号的拉铲,卸载半径不同,如表 3.1 所示,倒堆台阶的实体宽度也不同。例如 Bucyrus 公司生产的 2570WS 型拉铲,它的最大卸载半径 $R_x=121.9$ m,对应的实体宽度 $A=48.76\sim85.33$ m。

表 3.1 不同型号拉铲的卸载半径

拉铲型号	公司名称	臂长/m	倾角/(°)	卸载半径/m
2570WS	Bucyrus	109.7～128.0	30～38	97.5～121.9
2570W	Bucyrus	103.6～121.9	30～38	92.7～116.4
1570WS	Bucyrus	103.6～121.9	30～38	91.7～115.5
1370W	Bucyrus	86.9～99.1	30～38	77.7～95.1
9020	P&H	91.8	—	88.4～123.4
9160	P&H	122.3	—	99.1～129.5
757	P&H	57.3	—	83.8～106.7
752	P&H	35	—	73.2～97.5
736	P&H	22.2	—	53.3～79.2

(2) 按运煤设备占用宽度法(运煤卡车在剥离台阶内运行)计算实体宽度 A:

$$A = 2C + 2R_a + K_a \qquad (3.6)$$

式中:C——采煤台阶坡底线或内排土场坡底线距离道路边缘的安全距离,m,通常 $C = 2$ m。

R_a——运煤卡车调车半径,m。

K_a——运煤卡车车体宽度,m。

对于卡特彼勒公司 172t 的 789C 型运煤卡车,实体宽度为 2×2 m$+2 \times 20$ m$+6.94$ m≈ 51 m。

不同型号运煤卡车的参数如表 3.2 所示。

表 3.2 不同型号运煤卡车的参数

运煤卡车型号	公司名称	载重/t	车体长度/m	调车半径/m
789C	卡特彼勒	172	6.94	20
730E	小松	172	7.54	20

3. 实体宽度与采高的关系

综合美国、澳大利亚、俄罗斯等国的资料,实体宽度与采高之间的关系大致有以下三种情况。

(1) 高宽近等型($H/A \approx 1$)。

(2) 窄采型($H/A < 1$)。

(3) 宽采型($H/A > 1$)。

实践中炮孔深度/实体宽度(H/A 值)一般介于 0.7 和 1.0 之间,其中一个重要原因是国外多数矿床埋藏较浅,倒堆剥离厚度较小。随着倒堆剥离在厚剥离物中的应用,H/A 值有增大的趋势。

4. 实体宽度取值大小的利弊

实体宽度取值大小的利弊分析如下。

(1)窄采可提高抛掷爆破有效抛掷率,抛掷量与 H/A 值的关系如图 3.3 所示。加大 H/A 值,可明显提高抛掷量的比例,但炸药消耗量较大。

(2)宽采的优点是:有利于减小重复倒堆量和提高煤炭的可采储量,当横向布置工作线时可以增大采煤工作线长度,减少煤的损失和贫化。

(3)对拉铲效率的影响:宽采可减少拉铲全程走行及辅助作业量,但在剥离工作中回转角可能增大或移动频繁,需具体分析。

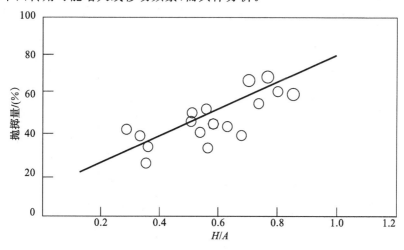

图 3.3　抛掷量与 H/A 值的关系

3.1.2.4　剥离台阶坡面角 α

剥离台阶坡面角与岩石的物理力学性质、穿爆方法以及岩石的节理发育状况有关,应根据露天煤矿的具体情况确定。

3.1.2.5　采煤台阶坡面角 δ

采煤台阶坡面角的确定原则与剥离台阶坡面角的确定原则类似。

3.1.2.6　排土台阶坡面角 β

排土台阶坡面角与排弃物的物理力学性质有关,应根据露天煤矿的具体情况确定。

3.1.2.7　爆堆沉降高度 h

爆堆沉降高度取决于岩石性质、岩石单位炸药消耗量、爆破方法以及起爆顺序等多种因素,应通过爆破试验确定。参照国外的经验数据,爆堆沉降高度一般为

$$h = (31\% \sim 36\%)H \tag{3.7}$$

式中:H——剥离台阶高度,m。

3.1.2.8　有效抛掷系数

根据国外实践,抛掷爆破一般能把 $30\% \sim 60\%$ 的岩石($A+B$)抛到采空区,有效抛掷量 A 可为抛到采空区的抛掷量($A+B$)的 $40\% \sim 70\%$,即抛掷爆破有效抛掷率可为 $12\% \sim 42\%$。抛掷量主要和台阶宽度与实体要求之比、炸药的性能及岩石裂隙的发育程度有关。剥离台阶爆破前后状态示意图如图 3.4 所示。

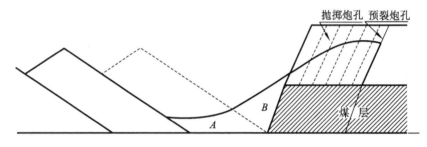

图 3.4　剥离台阶爆破前后状态示意图

在炸药单耗、排间延时间隔一定的条件下,影响抛掷量的主要因素是炮孔深度与实体宽度之比。McDonald 等人在 Rietspruit 露天煤矿经过多年研究得出图 3.3 所示的结果。

3.1.2.9　爆堆形状

决定爆堆形状的因素较多,主要有炮孔布置形式、炸药单耗、起爆顺序、岩石性质等。根据国外露天煤矿抛掷爆破结果,抛掷爆破的爆堆形状由梯形和三角形组成。我国露天煤矿在条件具备的条件下,应通过对具体矿山的实验来确定爆堆形状。

抛掷爆破后,爆堆必须用推土机为拉铲准备好平台,平台最小宽度为

$$B_{\min} = 0.75E + R_r + \Delta \tag{3.8}$$

式中:E——拉铲底盘直径,m;

R_r——拉铲尾端回转半径,m;

$\triangle$——安全间隙,m。

例如,对于 Bucyrus 公司制造的 2570WS 型拉铲,$E=25.6$ m,$R_r=28.6$ m,所以 B_{min} 需保证 50 m。

3.1.2.10 倒堆内排土场物料松散系数 K_s

物料松散系数是一种代表被剥离矿物料由于受爆破、挖掘开采及其后的各种处理作业的影响所产生的气隙而导致被剥离矿物料体积增大、密度减小的系数。倒堆内排土场物料松散系数 K_s 可用下式表示:

$$K_s = \frac{V_2}{V_1} \tag{3.9}$$

式中:V_1——剥离台阶实方体积,m³;

$\quad\quad V_2$——剥离物在排土场中的体积,m³。

适合拉铲挖掘的矿物料的松散系数一般为 1.25～1.40。物料松散系数的大小根据剥离物的岩石坚固性系数而定,如表 3.3 所示。

表 3.3 物料松散系数与满斗系数

指 标	岩石坚固性系数 f				
	土砂	2～5	5～6	6～8	＞8
松散系数	1.10～1.23	1.23～1.33	1.33～1.40	1.33～1.40	1.45～1.50
满斗系数	0.95～1.00	0.90～0.95	0.85～0.95	0.75～0.85	0.75～0.85

3.1.2.11 拉铲作业中心线至站立爆堆坡顶线的最小距离 b

b 值一般按照下式计算:

$$b = 0.75 \cdot E \tag{3.10}$$

式中:E——拉铲底盘直径,m。

3.1.2.12 倒堆内排土场高度(峰值)H_0

$$H_0 = K_s \cdot H + 0.25 \cdot A \cdot \tan\beta \tag{3.11}$$

式中符号意义同前。

3.1.2.13 倒堆内排土场平均高度 H_p

$$H_p = K_s \cdot H \tag{3.12}$$

式中符号意义同前。

3.2　拉铲设备选型的基本思路与方法

针对具体矿山,拉铲的选型要考虑众多的因素,是一个复杂的优化过程。通常,拉铲都是针对具体的矿山而制造的,服务于矿山的始末。但是,在进行拉铲设备选型的时候,必须遵循一个基本的观点,那就是拉铲的选型必须依赖于矿山的规划,而不是矿山的规划依赖于拉铲的型号。实际上,一些拉铲在一个露天煤矿闭坑后,还可以在具有相似开采条件的其他露天煤矿继续服务多年。

在进行拉铲设备选型时,要考虑以下四个基本的因素。

(1) 作业半径。

(2) 挖掘深度。

(3) 卸载高度。

(4) 勺斗容积。

前三个因素与具体矿山的开采方式有关,第四个因素与年产煤量有关。其中,拉铲勺斗容积和作业半径的选择最为基本。

3.2.1　拉铲设备选型的步骤

如前所述,我国露天煤田一般开采深度较大,覆盖层厚度、岩层厚度和煤层厚度一般也较大,并且岩石一般属于中等硬度以上,因此,我国露天煤矿宜采用拉铲倒堆开采工艺剥离最下部煤层顶板以上全部或部分岩石,并且岩石宜采用抛掷爆破,将一部分剥离物抛掷到内排土场,减少倒堆量。拉铲倒堆开采工艺还应该配备大型推土机用以为拉铲准备工作面、推排倒堆台阶上部剥离物和进行其他辅助作业。鉴于我国露天煤矿的具体情况,经过深入的研究分析,本书提出了拉铲设备选型的步骤,如下所述。

(1) 初步确定倒堆台阶工作面参数。根据采煤年产量的要求,初步确定工作线年推进强度、工作线长度、剥离台阶高度和实体宽度等参数。

(2) 建立计算机模型,模拟可行性方案。根据抛掷爆破和推土机可能的降段高度与扩展平台宽度,计算拉铲所需要的扩展平台宽度,初步确定拉铲年倒堆剥离量,初步计算拉铲勺斗容积,参照已有拉铲系列规格,由勺斗额定悬挂荷重选择拉铲悬臂长度和悬臂倾角。初选的拉铲方案可能不止一个。

(3) 按照已选定的拉铲规格及作业方式,对不同开采参数进行敏感性分析,以检验或修改上述参数。

3.2.2　拉铲勺斗容积的初步选择

露天煤矿工作线年推进强度 v 为

$$v = \frac{A_p}{m \cdot L \cdot \gamma} \tag{3.13}$$

式中：A_p——露天煤矿毛煤原产量，t/a；

m——煤层厚度，m；

L——剥离台阶工作线长度，m；

γ——煤层平均容重，t/m³。

年剥离量 A 为

$$A = H \cdot L' \cdot v \tag{3.14}$$

式中：H——剥离台阶高度，m；

L'——剥离工作线长度，m。

拉铲年生产能力 $Q_{B.w}$ 为

$$Q_{B.w} = 480 \cdot N \cdot N' \cdot \eta \cdot V \cdot \frac{K_m}{t \cdot K_s} \tag{3.15}$$

式中：N——拉铲年工作天数，d；

N'——拉铲每天工作班数，班；

η——拉铲每班时间利用系数，0.67～0.89；

V——拉铲勺斗容积，m³；

t——拉铲一次作业循环时间，min；

K_m——满斗系数；

K_s——倒堆内排土场物料松散系数。

令 $A = Q_{B.w}$，则拉铲的勺斗容积 V 为

$$V = \frac{v \cdot L' \cdot H \cdot K_s \cdot t}{480 \cdot N \cdot N' \cdot \eta \cdot K_m} \tag{3.16}$$

如果剥离物和煤层的赋存简单、厚度稳定，则拉铲勺斗容积可按剥采比进行计算，即

$$V = \frac{A_p \cdot n_s \cdot K_s \cdot t}{480 \cdot N \cdot N' \cdot \eta \cdot K_m} \tag{3.17}$$

式中：n_s——剥采比，m³/t。

其他符号意义同前。

按式(3.16)和式(3.17)计算得到的勺斗容积,尚应考虑设置运输通道引起的重复倒堆量和产量储备因素。粗略计算时,上述两项因素各取5%,故勺斗容积应比计算得出的容积增加10%。

在拉铲初步选型的过程中,参考国外有关技术报告和技术座谈,通常采用拉铲每立方米勺斗的在籍年生产能力 A_0 来初步计算拉铲勺斗容积。国内外部分露天煤矿拉铲每立方米勺斗的在籍年生产能力如表3.4所示。

表 3.4　国内外部分露天煤矿拉铲每立方米勺斗的在籍年生产能力

矿　　名	拉铲型号	台年生产能力 /($\times 10$ km³/a)	勺斗容积 /m³	A_0/($\times 10$ km³/ (m³·a))
加拿大安斯坦露天煤矿	2570W	2 808	96	29
美国黑雷露天煤矿	2570WS	3 440	130	26
美国黑雷露天煤矿	1570W	2 064	60	34
美国黑雷露天煤矿	M8750	2 829	99	28
美国黑雷露天煤矿	1300W	1 132	34	33
美国南温飞德露天煤矿	1350	1 400	40	35
美国南温飞德露天煤矿	2570	2 100	80	26
中国黑岱沟露天煤矿(可研)	2570WS	2 250	85	26

按照拉铲每立方米勺斗的在籍年生产能力计算拉铲勺斗容积:

$$V_0 = \frac{A}{A_0} \tag{3.18}$$

式中:A_0——每立方米勺斗的在籍年生产能力,国际经验数字为 $A_0=(20\sim32)\times 10$ km³/(m³·a),平均按$(25\sim26)\times 10$ km³/(m³·a)估算,A_0的下限值对应小型拉铲,上限值对应大型拉铲。

按每立方米勺斗的在籍年生产能力国际经验数字 25×10^4 m³/(m³·a)估算,拉铲计算勺斗容积 V_0 应为

$$V_0 = \frac{A}{25\times10^4} \tag{3.19}$$

考虑抛掷爆破、推土机有效排弃和拉铲重复倒堆三项因素后,拉铲勺斗容积为

$$V = V_0(1-\mu_1-\mu_2+\eta) \tag{3.20}$$

式中：μ_1——抛掷爆破有效抛掷率；

　　　μ_2——推土机有效排弃率；

　　　η——拉铲重复倒堆率（再倒堆系数）。

3.2.3　拉铲悬臂规格的选择

在厂商提供的拉铲设备规格表中，有额定悬挂荷重一项，可以据此来选择拉铲的悬臂长度和悬臂倾角。

额定悬挂荷重由勺斗自重和勺斗中物料重量组成。

根据 Bucyrus 公司的资料，每立方码勺斗自重 Y 按下式计算：

$$Y = 3.9 \times V + 1\ 930 \tag{3.21}$$

式中：Y——每立方码勺斗容重，磅（1 磅 $\approx$ 0.454 千克）；

　　　V——勺斗容积，立方码（1 立方码 $\approx$ 0.765 立方米）。

某一规格勺斗的最大悬挂荷重 $M \cdot S \cdot L$ 为

$$M \cdot S \cdot L = V \cdot (Y + \gamma) \tag{3.22}$$

式中：$M \cdot S \cdot L$——最大悬挂荷重，磅；

　　　γ——物料散方容重，磅/立方码。

其他符号意义同前。

也可以按照单位勺容荷重来计算最大悬挂荷重：

$$M \cdot S \cdot L = V \cdot U \tag{3.23}$$

式中：U——单位勺容荷重，P&H 公司按 5 000 短吨/立方码（1 短吨 $\approx$ 0.907
　　　吨）计算。单位勺容荷重由下述两项组成：勺斗自重，在 0.89～
　　　1.25 t/m³ 范围内，可以按照 1.19 t/m³ 计算；松散物料容重，参照多
　　　种剥离物料的实体容重及其松胀系数，按 1.78 t/m³ 计算。

根据计算得出的勺斗容积和最大悬挂荷重，以及根据倒堆台阶的工作面参数计算出所需的拉铲作业半径，可以在拉铲规格表中初步选择可行的拉铲悬臂长度和悬臂倾角，进而完成拉铲初步选型。

3.3　拉铲设备选型的数学模型

如前所述，我国露天煤田一般开采深度较大，覆盖层厚度、岩层厚度和煤层厚度一般也较大，全部剥离物采用拉铲倒堆开采工艺是不经济的，也是不可能

的。因此,宜采用其他开采工艺完成上部剥离,采用拉铲通过复杂的倒堆开采工艺完成下部剥离,倒堆剥离台阶宜采用抛掷爆破方式,然后配备充足的大型推土机用以为拉铲准备工作面、推排倒堆台阶(爆堆)上部的剥离物、形成推土机扩展平台,以降低倒堆台阶(爆堆)的高度,减少拉铲倒堆量,这也是国外的一项重要经验。例如,美国的黑雷露天煤矿推土机的推排量占拉铲倒堆量的10%。

针对我国露天煤矿的具体情况,抛掷爆破＋推土机降段扩展平台＋拉铲扩展平台倒堆的综合开采工艺在我国大型、特大型露天煤矿开采工艺中将占据主导地位。因此,本章就这种综合开采工艺建立了拉铲设备选型数学模型。

3.3.1 建立拉铲设备选型数学模型的必要性

如前所述,影响拉铲选择的因素很多,就开采要素而言,主要有拉铲作业方式、剥离台阶工作面参数、抛掷爆破效果等。

现有计算方法多按不同开采方式绘出图形,用公式计算所需拉铲的勺斗容积及线性尺寸。在此基础上,厂家也绘出相应的列线图,供开采参数与拉铲规格的综合选择使用。国内大部分的设计或科研单位多根据露天煤矿的地质情况和生产现状,将倒堆台阶工作面参数手工输入 AutoCAD 绘图软件中,所有的设计都是在 AutoCAD 中手工模拟完成。这种传统的手工作业有以下四个致命的缺点。

(1)计算精确度比较低,有的设计中扩展平台宽度的计算误差达 3 m,甚至更大。

(2)参加优选的方案少,有时参加优选的方案可能不包括最优的开采方案。

(3)设计周期比较长,用计算机几分钟就可以完成一个方案的设计,而用人工可能得几天的时间。

(4)传统计算方法很难充分反映各项开采要素对拉铲选型的影响,也难以一次做出优化选择。例如,式(3.20)中抛掷爆破有效抛掷率 μ_1 及拉铲重复倒堆率 η 在初选拉铲时只能估计,待进一步准确确定 μ_1 及 η 值后,再返回检查初选结果是否可行,并进行必要的修正。

为此,本书采用计算机模拟技术,建立了拉铲设备选型及参数优化系统,实现了拉铲作业方案、拉铲设备选型和参数优化的计算机模拟,不仅有利于综合考虑多项因素,而且还可以设置多种方案以进行比选,得出综合优化结果。

3.3.2 拉铲设备选型数学模型的建立

3.3.2.1 建立拉铲、推土机规格参数数据库

（1）输入拉铲备选系列中各种型号拉铲的主要规格参数，如拉铲型号、悬臂长度、悬臂倾角、作用半径、额定悬挂荷重、卸载高度、下挖深度和底座直径等。

（2）输入推土机备选系列中各种型号推土机的主要规格参数，如推土机型号、推土板宽、推土板高、推土板系数、前进速度、后退速度、作业效率和推土机台年生产能力等。

3.3.2.2 建立拉铲模拟开采数学模型

（1）建立模拟开采方案文件，包括剥离台阶高度 H、剥离台阶宽度 A、工作线年推进强度 v、剥离台阶工作线长度 L、煤层厚度 m、倒堆内排土场物料松散系数 K_s、剥离台阶坡面角 α、采煤台阶坡面角 δ 和排土台阶坡面角 β 等参数，其中最重要的参数是剥离台阶高度 H 和剥离台阶宽度 A，在其他开采参数不变的情况下，这两个参数可以决定一个模拟开采方案。

（2）建立抛掷爆破爆堆形状文件。根据国外露天煤矿抛掷爆破的爆堆形状结果，抛掷爆破的爆堆形状由梯形和三角形组成。该文件由爆堆形状曲线的顶点数和爆堆形状曲线的 x、y 坐标构成。

（3）由爆堆参数的计算可得出给定方案（由段高和采宽决定）的抛掷爆破有效抛掷率 μ_1（由爆堆参数唯一决定），然后计算在推土机生产能力许可范围内可能的降段高度和扩展平台宽度，再在此基础上将备选的拉铲型号中的勺斗容积 V、作用半径 R 及拉铲底座直径 E 值代入给定的方案中，由此可计算出拉铲作业需要的扩展平台宽度（需要的拉铲作用半径与给定拉铲作用半径的差值）以及相应的再倒堆系数 η，然后就可以用式（3.20）确定需要的拉铲勺斗容积 V_1。

（4）若 $V_1 \leqslant V$，则说明该规格的拉铲满足剥离工作的要求，可列入可选拉铲表中；若 $V_1 > V$，则改变拉铲规格型号（改变勺斗容积 V、拉铲作用半径 R 及拉铲底座直径 E），重复上述计算过程。若是备选的拉铲型号无一能满足剥离工作的要求，则可以提出所需的拉铲规格，向拉铲制造厂商订货。毕竟大型拉铲属于专用设备，在设备性能上应更加强调其专用性，而不是通用性。

（5）对于不同的开采参数，即不同的开采方案，得出不同的结果，以便进行敏感度分析，并对比寻优。

拉铲设备选型数学模型流程如图 3.5 所示，图中"＊"代表开采方案的名称。

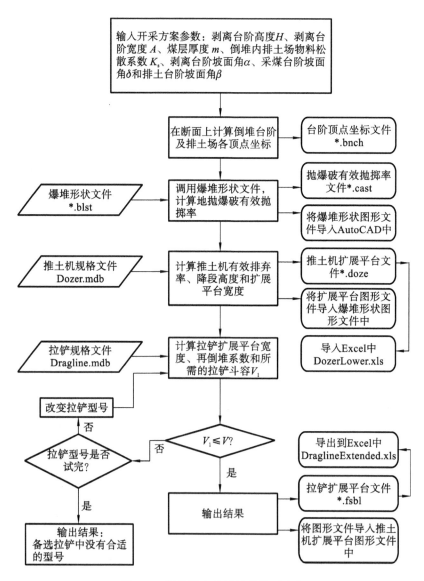

图 3.5 拉铲设备选型数学模型流程

3.4　拉铲倒堆开采工艺作业参数优化模型

3.4.1　推土机降段高度的优化

如前所述,我国露天煤矿一般岩层和煤层厚度较大,仅由拉铲完成倒堆剥离任务往往是不经济的,也是不合理的。因此,宜采用复杂的倒堆开采工艺系统,即倒堆剥离台阶采用抛掷爆破方式,将一部分剥离物直接抛掷到内排土场,然后配备充足的大型推土机以为拉铲准备工作面、推排倒堆台阶(爆堆)上部的剥离物、形成推土机扩展平台,这降低了倒堆台阶(爆堆)的高度,减少了拉铲倒堆量。这就涉及一个问题:推土机到底降段多少合适? 也就是说推土机是尽其生产能力来降段还是降段一定高度 h 最优?

如图 3.6 所示,推土机降段高度设为 h,则推土机年排弃量 Q_T 为

$$Q_T = \frac{S(h) \cdot L \cdot v}{A} \tag{3.24}$$

式中: $S(h)$ ——当推土机降段高度为 h 时断面面积,m^2。

其他符号意义同前。

此时,拉铲的年排弃量 Q_D 为

$$Q_D = \frac{H \cdot A \cdot K_s \cdot [1 - \mu_1 - \mu(h) + \eta(h)] \cdot L \cdot v}{A} \tag{3.25}$$

式中: $\mu(h)$ ——当推土机降段高度为 h 时推土机的有效排弃率,通过程序模拟求出;

　　　$\eta(h)$ ——当推土机降段高度为 h 时拉铲扩展平台时的再倒堆系数,通过程序模拟求出。

其他符号意义同前。

优化的目标是使年作业总费用最小。在爆堆形状一定的情况下,目标函数是推土机降段高度 h 的函数,即目标函数为

$$F(h) = C_T \cdot Q_T + C_D \cdot Q_D \rightarrow \min \tag{3.26}$$

其约束条件为

$$\begin{cases} Q_T < Q_{Tmax} \\ Q_D < Q_{Dmax} \end{cases} \tag{3.27}$$

式中: $F(h)$ ——当推土机降段高度为 h 时年排弃作业的总费用,元/a;

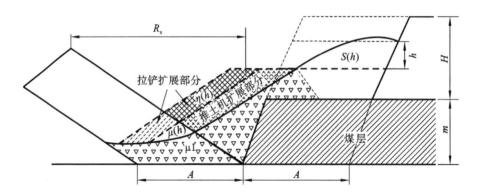

图 3.6　推土机降段 h 时联合扩展平台示意图

C_T——推土机作业成本,元/m³;

C_D——拉铲作业成本,元/m³;

Q_{Tmax}——推土机台年生产能力,m³;

Q_{Dmax}——拉铲台年生产能力,亦即要完成的年剥离量,m³。

其他符号意义同前。

推土机台年生产能力 Q_{Tmax} 计算方法如下。

(1)推土机一次推土量 Q_{T1}(单位为 m³):

$$Q_{T1} = W_T \cdot H_T^2 \cdot k_T \tag{3.28}$$

式中:W_T——推土机推土板宽,m;

H_T——推土机推土板高,m;

k_T——推土机推土板系数,一般取 0.8。

(2)推土机作业循环时间 T(单位为 min):

$$T = \left(\frac{D_T}{v_F \cdot 1\,000} + \frac{D_T}{v_B \cdot 1\,000}\right) \times 60 + 0.1 \tag{3.29}$$

式中:D_T——推土机推土距离,m;

v_F——推土机前进速度,km/h;

v_B——推土机后退速度,km/h。

其他符号意义同前。

(3)推土机作业小时能力 Q_h(单位为 m³/h):

$$Q_h = \frac{Q_{T1} \cdot \eta_T \cdot \lambda_T \cdot 60}{K_s \cdot T} \tag{3.30}$$

式中:η_T——推土机作业效率,一般取 0.75;

λ_T——土方换算系数,一般取 0.9。

其他符号意义同前。

(4) 推土机作业台班能力 Q_B(单位为 m³/班):

$$Q_B = 8 \cdot Q_h \cdot k_B \tag{3.31}$$

式中:k_B——推土机台班利用系数,一般取 0.6。

其他符号意义同前。

(5) 推土机台年生产能力 Q_{Tmax}(单位为 ×10⁴ m³/a):

$$Q_{Tmax} = \frac{Q_B \cdot N_B}{10\ 000} \tag{3.32}$$

式中:N_B——推土机年台班数,一般取 795 班。

其他符号意义同前。

推土机的作业成本 C_T 主要由以下五个部分组成:折旧费、修理费、材料费、动力费用(燃油费)、工人工资。

推土机各项费用计算方法如表 3.5 所示,表中 Q 表示推土机年剥离量(万立方米),P 表示推土机的价格(万元),n 表示拉铲服务年限(a),f_{ee} 表示油价(元/t),Q_B 表示推土机班消耗燃油量(kg/班),计算公式见式(3.33)。

表 3.5　推土机各项费用计算　　　　　　　　费用单位:万元

序　号	项　　目	计算值(A)	结果(B)	备　注
1	折旧费	$(1/n) \times 0.97$	$A_1 \times P$	回收残值 0.97
2	修理费	9.76%	$A_2 \times P$	统计值
3	材料费	3%	$A_3 \times P$	
4	动力费用(燃油费)	f_{ee}	$A_4 \times Q_B \times 795/1\ 000/10\ 000$	油价因时因地不同而异,推土机年工作 795 班
5	工人工资	3 万元/人	$A_5 \times 1$ 人/班 $\times 3 \times 1.25$	出勤率 1.25
6	年运营费用	—	$\sum\limits_{i=1}^{5} B_i$	
7	年单位成本/(元/m³)	—	B_6/Q	

推土机班消耗燃油量 Q_B(kg/班)计算公式如下:

$$Q_B = \frac{HP \cdot 8 \cdot K_1 \cdot K_2 \cdot G \cdot K_3 \cdot K_4}{1\ 000} \tag{3.33}$$

式中：HP——推土机功率,马力(1 马力=746 瓦)；

  K_1——推土机有效作业率,一般取 0.55；

  K_2——推土机能力利用系数,一般取 0.80；

  G——推土机额定耗油率,0.175~0.180 kg/(马力·时)；

  K_3——推土机损耗系数,一般取 1.05；

  K_4——车速耗油系数,设计时可以不考虑,取 1。

  推土机的推土距离 D_T 与剥离台阶宽度 A 和推土机降段高度 h 有关,在抛掷爆破条件下,D_T 还与爆堆形状有关系,h 越大,推土距离越远,推土距离 D_T 与 h 之间是非线性关系。在抛掷爆破条件下,通过推土机的排弃面积与扩展台阶宽度的加权平均的方法,得到推土机推土距离 D_T 与剥离台阶宽度 A 和推土机降段高度 h 的近似关系为

$$D_T = \begin{cases} \dfrac{0.60 \cdot A}{2}, & h < 5 \text{ m} \\[2mm] \dfrac{0.75 \cdot A}{2}, & 5 \text{ m} \leqslant h < 10 \text{ m} \\[2mm] \dfrac{0.85 \cdot A}{2}, & 10 \text{ m} \leqslant h < 15 \text{ m} \\[2mm] \dfrac{1.00 \cdot A}{2}, & 15 \text{ m} \leqslant h < 20 \text{ m} \\[2mm] \dfrac{1.10 \cdot A}{2}, & h \geqslant 20 \text{ m} \end{cases} \tag{3.34}$$

  由式(3.34)可以看出,推土机降段高度 h 越大,推土机推土距离越大。

  拉铲的作业成本 C_D 主要由以下五个部分组成:折旧费、修理费、材料费、动力费用(电费)、工人工资。

  拉铲各项费用计算方法如表 3.6 所示,表中 Q 表示拉铲年剥离量(万立方米),P 表示拉铲的价格(万元),n 表示拉铲服务年限(a),f_{ee} 表示电费单价(元/度)(1 度=1 千瓦·时)。

表 3.6   拉铲各项费用计算   费用单位:万元

序号	项 目	计算值(A)	结果(B)	备 注
1	折旧费	$(1/n) \times 0.97$	$A_1 \times P$	回收残值 0.97
2	修理费	2%	$A_2 \times P$	
3	材料费	1%	$A_3 \times P$	

序号	项　　目	计算值(A)	结果(B)	备　注
4	动力费用(电费)	0.9 度/m³ × f_{ee}	$A_4 \times P$	电费价格因地区而异
5	工人工资	3 万元/人	A_5 × 3 人/班 × 3 班 × 1.25	出勤率 1.25
6	年运营费用	—	$\sum\limits_{i=1}^{5} B_i$	—
7	单位成本/(元/m³)	—	B_6/Q	—

3.4.2　拉铲悬臂长度和勺斗容积的优化

一定型号的拉铲的总质量、最大悬挂荷重是一定的,悬臂长度与勺斗容积成反比,即拉铲悬臂长度长时勺斗容积就小,拉铲悬臂长度短时勺斗容积就大。因此,在推土机一定降段高度和一定扩展平台宽度的条件下完成相同的露煤量,根据拉铲的悬臂长度与勺斗容积,拉铲设备有以下两种选择方式。

1. 用悬臂较长的拉铲倒堆

在这种情况下,拉铲的悬臂较长,二次倒堆量较小,拉铲完成的工程总量就少,需要的拉铲勺斗容积比较小,称为长臂小斗方案。

2. 用悬臂较短的拉铲倒堆

在这种情况下,拉铲的悬臂较短,二次倒堆量较大,拉铲完成的工程总量就多,需要的拉铲勺斗容积比较大,称为短臂大斗方案。

我们知道,在其他费用一定的情况下,拉铲的作业成本与拉铲的折旧费有关系,也就是与拉铲的价格有关系。根据掌握的不同作业半径、不同勺斗容积的拉铲的出厂价格进行统计分析,得出以下结论:拉铲的制造价格与拉铲的作业半径的平方成正比,与拉铲的勺斗容积的 0.83 次方成正比,其相关系数高达0.996 79,计算公式为

$$F = 2.890\ 93 + 8.811\ 22E^{-5}R^2V^{0.83} \tag{3.35}$$

式中:F——拉铲出厂价,百万美元;

　　　E——拉铲底座直径,m;

　　　R——拉铲作业半径,m;

　　　E——拉铲底座直径,m;

按式(3.35)计算出来的不同规格的拉铲价格如表 3.7 所示。由式(3.35)

和表 3.7 可以看出,随着拉铲作业半径的加大,拉铲的制造价格急剧加大(平方关系),平均作业半径每增加 1 m,拉铲制造价格增加 0.72 百万美元,并且随着作业半径的增加,制造价格增加的幅度有增大的趋势;而勺斗容积每增加 1 m³,拉铲制造价格仅增加 0.335 百万美元,不及作业半径的一半,并且随着勺斗容积的增加,制造价格增加的幅度有减小的趋势。同时,作用半径加大,拉铲作业循环时间也相应增大,使得生产效率相对下降,虽然二次倒堆量相对减少,但拉铲的年作业费用不一定低。因此,拉铲倒堆作业时要综合考虑拉铲的规格尺寸与作业量的关系。

表 3.7 不同规格拉铲价格表

序号	作业半径/m	斗容/m³	价格/百万美元	差价/百万美元			
				1 m 臂长	均价	1 m³ 斗容	均价
1	97.5	80	34.7				
2	100.9	80	36.96	0.665		—	
3	102.1	80	37.78	0.683		—	
4	105.8	80	40.35	0.695		—	
5	107	80	41.21	0.717	0.72	—	
6	110.9	80	44.04	0.726		—	
7	115.8	80	47.77	0.761		—	
8	121.9	80	52.62	0.795		—	
9	97.5	65	29.67	—		—	
10	97.5	70	31.37	—		0.34	
11	97.5	75	33.05	—		0.336	0.335
12	97.5	80	34.7	—		0.33	

在这两种作业方式中,拉铲的价格不同(作业成本不同),拉铲年完成的工程量不同,因此,优化的目标是使拉铲的年作业总费用最小,即目标函数为

$$f(R,V) = (C_O + C_p) \cdot Q_D \to \min \tag{3.36}$$

式中:$f(R,V)$——当推土机降段高度为 h 时排弃作业的总费用,元;

C_O——拉铲其他作业成本,元/m³;

C_p——拉铲折旧成本,元/m³;

Q_D——拉铲要完成的年排弃量,m³;

其中,拉铲折旧成本 C_p 计算如下:

$$C_p = \frac{F}{n} \cdot 0.97 \qquad\qquad (3.37)$$

式中:n——拉铲折旧年限,a;

其他符号意义同前。

3.5 本 章 小 结

本章详细分析和讨论了拉铲倒堆开采工艺优化中开采参数的确定方法和依据,针对我国露天煤矿地质赋存情况,提出了拉铲倒堆开采工艺优化的基本思路和步骤;针对我国露天煤矿的特点,提出了适合我国露天煤矿拉铲倒堆开采工艺的作业方式,提出了拉铲倒堆开采工艺优化的数学模型。本章主要研究内容如下。

(1)详细分析讨论了拉铲倒堆开采工艺中开采参数的确定方法和依据,为拉铲倒堆开采工艺优化奠定了基础,这些开采参数包括倒堆台阶工作线长度、剥离台阶高度、剥离台阶宽度和倒堆的排土场高度等。

(2)针对我国露天煤矿开采深度较大,覆盖层厚度、岩层厚度和煤层厚度较大,并且岩石属于中等硬度以上等特点,提出了我国露天煤矿宜采用抛掷爆破＋推土机降段扩展平台＋拉铲扩展平台的联合作业方式。针对这种作业方式,研究了拉铲倒堆开采工艺优化的思路,提出了拉铲勺斗容积和悬臂规格选择的方法和步骤。

(3)针对我国露天煤矿的具体情况,建立了抛掷爆破＋推土机降段扩展平台＋拉铲扩展平台倒堆的联合开采工艺数学模型。

(4)针对拉铲联合作业方式中推土机和拉铲的年作业工程量和作业费用,提出了推土机降段高度的优化模型,提出了推土机作业距离与剥离台阶宽度 A 和推土机降段高度 h 的近似关系式。

(5)针对拉铲联合作业方式中不同型号的拉铲,提出了长臂小斗和短臂大斗两种作业方案,并针对这两种作业方案提出了拉铲悬臂长度和勺斗容积的优化模型。

第4章 拉铲倒堆开采工艺优化系统开发

本章介绍了适用于我国露天煤矿的拉铲倒堆开采工艺优化系统开发的意义、开发环境、系统的总体结构、系统的数据库结构、系统的功能以及系统的实现方法,介绍了利用 ActiveX 技术,根据 AutoCAD 和 Excel 暴露出来的对象,用 Visual Basic 对 AutoCAD 和 Excel 进行二次开发的方法。

上两章中详细介绍和讨论了拉铲倒堆开采工艺的分类、典型的作业方式和开采参数的计算方法,并提出了拉铲倒堆开采工艺的基本思路与方法,采用计算机模拟技术,建立了拉铲倒堆开采工艺优化的数学模型,在系统分析研究的基础上,提出了拉铲倒堆开采工艺中推土机降段高度优化模型和拉铲悬臂长度与勺斗容积的优化模型。本章针对抛掷爆破＋推土机降段扩展平台＋拉铲扩展平台的联合开采工艺,开发了拉铲倒堆开采工艺优化系统(optimization system of dragline stripping system,简称 OSDSS)。

OSDSS 的开发对科学研究和设计单位的工程设计具有重要的意义。它可以将研究人员和工程设计人员从原来烦琐的手工作业中解脱出来,可以用节省出来的大量人力、物力和时间来进行更多可行方案的设计,进而可以从大量的可行方案中进行优选。而手工作业往往只能设计几个可行方案,有时候这几个可行方案不一定包含最优方案,不能保证优选方案的可靠性。因此,本书开发了一套功能基本完备、通用性较强的 OSDSS。该系统既可以加强我国对拉铲倒堆开采工艺的研究,又可以为工程设计提供可视化的辅助设计工具。

4.1 系统开发环境

拉铲倒堆开采工艺优化系统(OSDSS)是在 Windows 2000 环境下应用 Visual Basic 6.0 编程语言开发的决策支持系统。OSDSS 集成了 Microsoft 公司的 Microsoft Excel、Microsoft Access 和 Autodesk 公司的 AutoCAD 2000/2004 软件。

AutoCAD 及其图形格式已经成为一种事实上的国际工业标准,可以与许多软件互相交换数据。在工程设计过程中,常常需要结合专业情况,将设计计算、数据处理和图形绘制等进行综合处理,这仅仅依靠 AutoCAD 本身的功能,是难以做到的。因此,用 Visual Basic 进行 AutoCAD 二次开发,能实现仅用 AutoCAD 不能或不易实现的功能和效果,这也是开发面向实际工程软件的一种十分有效的手段和方法。

用 Visual Basic 进行 AutoCAD 二次开发,是基于 ActiveX 自动化界面技术(ActiveX automation interface),通过编程引用 AutoCAD 暴露出来的对象,操作这些对象的属性和方法等来达到二次开发的目的。用 Visual Basic 进行 AutoCAD 二次开发,要求安装 Autodesk AutoCAD 应用程序,并在 Visual Basic 的集成开发环境(integrated development environment,IDE)中引用"AutoCAD 2004 类型库"。具体操作是:"工程"→"引用"→"AutoCAD 2004 类型库"。

Microsoft Excel 电子表格作为一个广泛使用的数据处理工具,不仅操作简单,而且功能强大,可以对数据进行统计分析、预览打印等。用 Visual Basic 进行 Microsoft Excel 二次开发,也是基于 ActiveX 自动化界面技术,通过编程引用 Microsoft Excel 暴露出来的对象,操作这些对象的属性和方法等来达到二次开发的目的。用 Visual Basic 进行 Microsoft Excel 二次开发,要求安装 Microsoft Excel 应用程序,并在 Visual Basic 的集成开发环境中引用 Microsoft Excel 类型库。具体操作是:"工程"→"引用"→"Microsoft Excel 9.0 Object Library"。

OSDSS 集成这些软件的目的有两个:一是利用这些软件本身的强大功能,简化系统开发,缩短系统开发的时间;二是将计算结果导入这些软件中,为工程设计和数据统计分析提供简单的、有效的手段。

4.2　系统的安装与启动

4.2.1　OSDSS 的安装

系统软件的安装步骤如下。

(1) 将系统安装光盘放入光盘驱动器中。

（2）双击 Setup. exe 可执行程序图标，或者选择"开始"→"运行"，在"运行"对话框中输入"E：\SETUP"，按下"确定"按钮或回车键进入安装程序。

（3）按照系统提示即可完成安装。

4.2.2　OSDSS 的启动

在 Windows 2000 操作系统下，依次选择"开始"→"程序"→"拉铲倒堆开采工艺优化系统"，即可启动 OSDSS。

4.3　OSDSS 的总体结构

OSDSS 主要由原始数据、设备选型与参数优化和数据库三个部分组成，如图 4.1 所示。

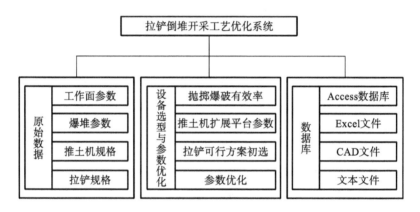

图 4.1　OSDSS 的总体结构

原始数据主要包括拉铲倒堆台阶工作面参数、爆堆形状以及推土机和拉铲的规格参数，不同的拉铲倒堆工作面参数对应不同的开采方案，相应地，抛掷爆破的形状和参数也不同。这些文件的数据结构见 4.4 节。拉铲设备选型中涉及计算抛掷爆破有效抛掷率、推土机降段扩展平台参数、拉铲扩展平台参数以及技术可行方案的初选和经济合理方案的优选等，这些在拉铲设备选型和优化部分实现，这也是 OSDSS 的重点。在计算过程中生成的中间数据和最终数据保存在文本文件、Excel 文件和 AutoCAD 文件中，便于在工程实践中使用、分析、对比和输出。

OSDSS 的主界面如图 4.2 所示。它由系统的主菜单、工具栏组成，主菜单包括文件、参数、选型、优化、帮助项目。OSDSS 工具栏如图 4.3 所示。

图 4.2　OSDSS 的主界面

图 4.3　OSDSS 工具栏

1—打开文件图标,用于打开任意类型的文件,如文本文件、Excel 文件、AutoCAD 文件等;

2—设置工作面参数图标,用于设定不同的开采方案;3—爆堆形状图标,用于绘制台阶和爆堆,为

绘制拉铲作业的工程图做准备;4—推土机规格图标,用于设置和修改推土机的型号和参数;

5—拉铲规格图标,用于设置和修改拉铲的型号和参数;6—用于计算抛掷爆破有效抛掷率;

7—用于计算推土机可能的降段高度和扩展平台宽度以及推土机的有效排弃率等;

8—用于计算拉铲在推土机一定的排弃高度下的所有技术可行的方案;

9—用于推土机降段高度优化;10—用于拉铲斗容和臂长优化;11—用于退出系统

4.4　系统组成与结构

4.4.1　系统菜单

OSDSS 菜单及其功能如图 4.4 所示。

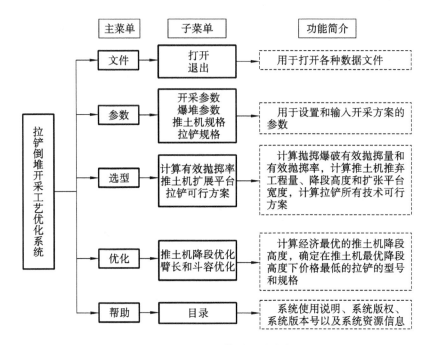

图 4.4　OSDSS 菜单及其功能

4.4.2　系统模块

OSDSS 模块如图 4.5 所示。

1. 窗体模块

与某个窗体相关联的对象和事件过程被存入窗体模块中,完成一定的功能。

2. 标准模块

为了能在工程的所有窗体和事件过程中共享变量和过程,OSDSS 使用了多个标准模块。标准模块是一个具有文件扩展名.bas 并包含能够在程序任何地方使用的变量和过程的特殊文件。与窗体模块不同,标准模块不包含对象或属性设置,只包含可在代码窗口中显示和编辑的代码。

3. 类模块

类模块保存在扩展名为.cls 的文件中。

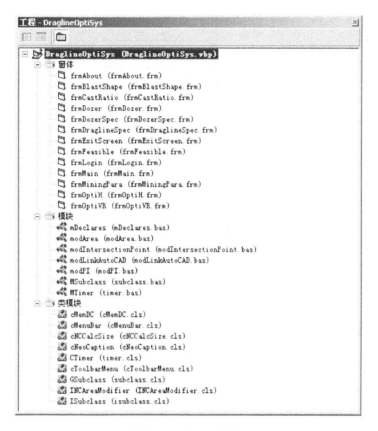

图 4.5　OSDSS 模块

4.5　系统数据库

4.5.1　数据库总体结构

Microsoft Access 数据库和 Visual Basic 数据库对象的层次结构和编程方法是完全相同的。因此,在系统开发过程中,采用 Microsoft Access 作为后台数据库,建立了 OSDSS.mdb 数据库。其中的数据表用来存放原始数据,且共有六个,即推土机规格表、推土机作业成本数据表、拉铲规格表、拉铲作业成本数据表、倒堆台阶开采参数表和爆堆形状参数表。计算过程中的中间数据保存在文本文件中。计算结果的数据保存在 Microsoft Excel 数据表中,便于查看、分析和打印。计算结果的图形文件保存在 AutoCAD 文件中,便于工程技术人员修改和输出。数据库的总体结构如图 4.6 所示。

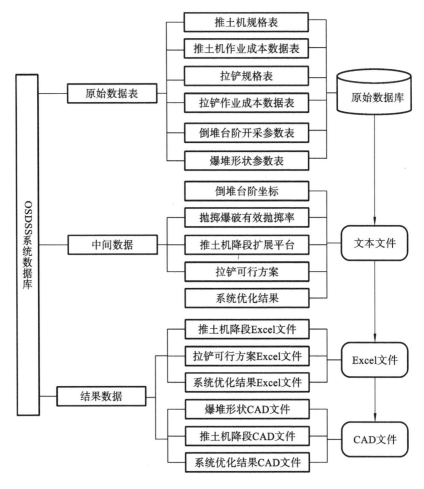

图 4.6　数据库的总体结构

4.5.2　数据结构

4.5.2.1　原始数据表的数据结构

1. 倒堆台阶开采参数表

倒堆台阶开采参数表用来存放倒堆台阶参数信息,包括剥离台阶高度、剥离台阶宽度、年推进强度、工作线长度、煤层厚度、物料松散系数、剥离台阶坡面角、采煤台阶坡面角、排土台阶坡面角等字段,数据结构如表 4.1 所示。

表 4.1　倒堆台阶开采参数表数据结构

字 段 名 称	字 段 类 型	字 段 大 小	说　明
剥离台阶高度	数字	单精度	m
剥离台阶宽度	数字	单精度	m
年推进强度	数字	单精度	m
工作线长度	数字	单精度	m
煤层厚度	数字	单精度	m
松散系数	数字	单精度	
剥离台阶坡面角	数字	单精度	角度值
采煤台阶坡面角	数字	单精度	角度值
排土台阶坡面角	数字	单精度	角度值

2. 爆堆形状参数表

爆堆形状参数表存放倒堆台阶抛掷爆破爆堆形状参数,包括爆堆形状曲线上点的个数、X 坐标和 Y 坐标三个字段,数据结构如表 4.2 所示。

表 4.2　爆堆形状参数表数据结构

字 段 名 称	字 段 类 型	字 段 大 小
点数	数字	整型
X 坐标	数字	单精度
Y 坐标	数字	单精度

3. 推土机规格表

推土机规格表存放与推土机作业有关的参数,包括推土机型号、推土机功率、推土板宽度、推土板高度、推土板系数、前进速度、后退速度、作业效率、土方换算系数、松散系数、班时间利用系数、推土机年台班数和推土机价格等字段,数据结构如表 4.3 所示。

表 4.3　推土机规格表数据结构

字 段 名 称	字 段 类 型	字 段 大 小	说　明
推土机型号	文本	8 字符	
推土机功率	数字	整型	马力
推土板宽度	数字	单精度	m

字 段 名 称	字 段 类 型	字 段 大 小	说　　明
推土板高度	数字	单精度	m
推土板系数	数字	单精度	
前进速度	数字	单精度	km/h
后退速度	数字	单精度	km/h
作业效率	数字	单精度	
土方换算系数	数字	单精度	
松散系数	数字	单精度	
班时间利用系数	数字	单精度	
推土机年台班数	数字	整型	一般取795
推土机价格	数字	单精度	万美元

4. 推土机作业成本数据表

推土机作业成本数据表用来存放推土机作业成本组成信息,包括折旧年限、修理费率、材料费率、动力费、动力费率、工资和其他字段,数据结构如表 4.4 所示。

表 4.4　推土机作业成本数据表数据结构

字 段 名 称	字 段 类 型	字 段 大 小	说　　明
折旧年限	数字	整型	年
修理费率	数字	单精度	
材料费率	数字	单精度	
动力费	数字	单精度	年燃油消耗量
动力费率	数字	单精度	燃油价格
工资	数字	单精度	万元/(人·年)
其他	数字	单精度	万元

5. 拉铲规格表

拉铲规格表用来存放拉铲的线性尺寸参数等,包括拉铲型号、悬臂长度、悬臂倾角、作业半径、最大额定荷重、最大卸载高度、最大下挖深度和底座直径等字段,数据结构如表 4.5 所示。

表 4.5　拉铲规格表数据结构

字 段 名 称	字 段 类 型	字 段 大 小	说　　明
拉铲型号	文本	8 字符	
悬臂长度	数字	单精度	m
悬臂倾角	数字	单精度	角度值
作业半径	数字	单精度	m
最大额定荷重	数字	单精度	t
最大卸载高度	数字	单精度	m
最大下挖深度	数字	单精度	m
底座直径	数字	单精度	m

6. 拉铲作业成本数据表

拉铲作业成本数据表用来存放拉铲作业成本组成信息,包括折旧年限、修理费率、材料费率、动力费、动力费率、工资和其他字段,数据结构如表 4.6 所示。

表 4.6　拉铲作业成本数据表数据结构

字 段 名 称	字 段 类 型	字 段 大 小	说　　明
折旧年限	数字	整型	年
修理费率	数字	单精度	
材料费率	数字	单精度	
动力费	数字	单精度	年电力消耗
动力费率	数字	单精度	电费
工资	数字	单精度	万元/(人·年)
其他	数字	单精度	万元

4.5.2.2　计算结果的数据结构

1. 推土机降段 Excel 文件

推土机降段 Excel 文件用来保存推土机降段信息,文件名称为 DozerLower.xls,主要包括降段高度、扩展平台宽度、排弃面积、推土机有效排弃率等信息,数据结构如表 4.7 所示。

表 4.7　推土机降段 Excel 文件数据结构

字　段　名　称	字　段　类　型	字　段　大　小	说　　明
降段高度	数字	单精度	m
扩展平台宽度	数字	单精度	m
排弃面积	数字	单精度	m^2
推土机有效排弃率	数字	单精度	

2. 拉铲可行方案 Excel 文件

拉铲可行方案 Excel 文件用来保存经过计算得到的拉铲所有技术可行的方案结果,文件名为 Feasible. xls 和 FeasibleForCAD. xls。这两个文件略有不同：Feasible. xls 侧重于记录可行方案中的推土机和拉铲年作业量,为系统的优化做准备；FeasibleForCAD. xls 侧重于记录可行方案的位置坐标,为程序自动绘制 AutoCAD 图形做准备。这两个文件的字段比较多,这里只给出 Feasible. xls 文件的数据结构,如表 4.8 所示。

表 4.8　Feasible. xls 文件的数据结构

字　段　名　称	字　段　类　型	字　段　大　小	说　　明
倒堆台阶年开采总量	数字	单精度	$\times 10^4 m^3$
抛掷爆破年有效抛掷量	数字	单精度	$\times 10^4 m^3$
抛掷爆破有效抛掷系数	数字	单精度	
推土机年排弃总量	数字	单精度	$\times 10^4 m^3$
推土机年有效排弃量	数字	单精度	$\times 10^4 m^3$
推土机有效排弃率	数字	单精度	
推土机降段高度	数字	单精度	m
推土机扩展平台宽度	数字	单精度	m
拉铲年剥离量	数字	单精度	$\times 10^4 m^3$
拉铲年再倒堆工程量	数字	单精度	$\times 10^4 m^3$
拉铲再倒堆系数	数字	单精度	
拉铲扩展平台宽度	数字	单精度	m
计算拉铲勺斗容积	数字	单精度	m^3
计算拉铲工作半径	数字	单精度	
拉铲型号	文本	8 字符	
悬臂长度	数字	单精度	m
悬臂倾角	数字	单精度	角度值

3. 系统优化结果 Excel 文件

系统优化结果 Excel 文件用来保存经过计算得到的技术可行、经济合理的优化方案结果，文件名为 OptiH. xls 和 OptiH2. xls。这两个文件不同：OptiH. xls 记录的是推土机最佳降段高度优化结果；OptiH2. xls 记录的是在推土机最佳降段高度下拉铲最经济、最合理的悬臂长度和勺斗容积优化结果。OptiH. xls 文件数据结构如表 4.9 所示，OptiH2. xls 文件数据结构如表 4.10 所示。

表 4.9　OptiH. xls 文件数据结构

字　段　名　称	字　段　类　型	字　段　大　小	说　　　明
最低年作业总费用	数字	单精度	元
推土机年排弃量	数字	单精度	$\times 10^4 \, m^3$
推土机降段高度	数字	单精度	m
推土机数量	数字	整型	台
推土机型号	文本	8 字符	

表 4.10　OptiH2. xls 文件数据结构

字　段　名　称	字　段　类　型	字　段　大　小	说　　　明
倒堆台阶年开采总量	数字	单精度	$\times 10^4 \, m^3$
抛掷爆破年有效抛掷量	数字	单精度	$\times 10^4 \, m^3$
抛掷爆破有效抛掷系数	数字	单精度	
推土机年排弃总量	数字	单精度	$\times 10^4 \, m^3$
推土机年有效排弃量	数字	单精度	$\times 10^4 \, m^3$
推土机有效排弃率	数字	单精度	
推土机降段高度	数字	单精度	m
推土机扩展平台宽度	数字	单精度	m
推土机数量	数字	单精度	
推土机型号	文本	8 字符	
拉铲年剥离量	数字	单精度	$\times 10^4 \, m^3$
拉铲年再倒堆工程量	数字	单精度	$\times 10^4 \, m^3$
拉铲再倒堆系数	数字	单精度	
拉铲扩展平台宽度	数字	单精度	m
计算拉铲勺斗容积	数字	单精度	m^3

字 段 名 称	字 段 类 型	字 段 大 小	说　　明
计算拉铲工作半径	数字	单精度	m
拉铲型号	文本	8	
悬臂长度	数字	单精度	m
悬臂倾角	数字	单精度	角度值

4.5.2.3　图形文件

图形文件是计算过程中输出的 AutoCAD 图形,包含台阶参数、抛掷爆破形状、推土机扩展平台宽度、拉铲扩展平台宽度等信息。OSDSS 输出的图形如图 4.7 所示,其中 h 是推土机降段高度,W_1 是推土机扩展平台宽度,W_2 是拉铲扩展平台宽度。

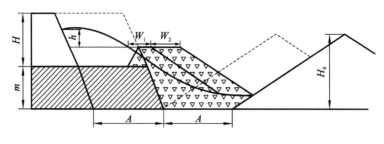

图 4.7　OSDSS 输出的图形

由于计算的中间结果都保存在起辅助作用的文件中,并且数据结构复杂,限于篇幅,这里就不一一叙述了。

4.6　系统功能介绍

4.6.1　文件打开功能

OSDSS 的所有参数、计算文件和最终计算结果等都是以各种文件格式记录的,如数据库文件(* . mdb)、文本文件(* . txt)、Excel 文件(* . xls)、AutoCAD文件(* . dwg)等。为了使用户不用脱离系统就可以操作这些文件,OSDSS 必须提供方便的文件操作功能,如打开、保存、打印、剪切、复制、粘贴等功能。由于 OSDSS 是一个集成的决策支持系统,只要使用本系统提供的打开功能("文件"菜单 → "打开"项或工具栏上的"Open"图标),就可以自动调用相应的软件,打开任意类型的文件格式。上述所有功能在相应的软件中已经实现,既方便了用户的使用,又降低了程序开发的复杂度,减少了程序开发的工作量。单击打开(Open)图标,打开"Feasible2.txt"文件时,系统自动调用"记事本"程序,从而打开打开文件,如图4.8所示;打开"OSDSS.mdb"文件时,系统调用"Access"程序打开文件。

图4.8　文件打开功能

4.6.2　开采参数设置

单击"参数"菜单 → "开采参数"项或者工具栏上的"Mining"图标,就可以打开"开采参数设置"窗体,如图4.9所示。系统提供缺省参数。选择一个开采方案,开采方案的参数会自动显示出来,开采方案是以".mine"为扩展名的文件,如FAN01.mine。开采方案参数可以通过直接输入或调节滚动条进行设置,单击"确定"按钮,就可以保存开采参数,并且在右侧的窗体中显示开采方案的断面示意图。单击"缺省值"按钮,可以恢复开采方案的缺省值;单击"关闭"按钮,可以退出该窗体。

4.6.3　输入爆堆形状参数

单击"参数"菜单 → "爆堆参数"项或者工具栏上的"Blast"图标,就可以打开

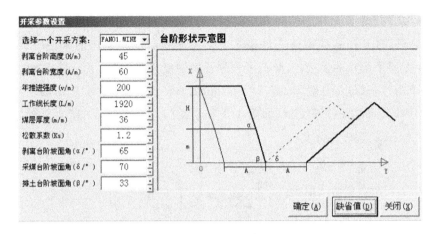

图 4.9　"开采参数设置"窗体

"爆堆形状参数"窗体，如图 4.10 所示。窗体左侧是爆堆形状曲线上点的 X、Y 坐标，更改坐标的值，就可以改变爆堆的形状。爆堆形状参数文件是以. blst 为扩展名的文件，与开采方案相对应，如 FAN01. mine 对应的爆堆形状参数文件就是 FAN01.blst。单击"画爆堆"按钮，可以画出台阶断面形状和爆堆形状；单击"连接 CAD"按钮，可以打开 AutoCAD 绘图软件；单击"导出到 CAD"按钮，可以把台阶断面形状和爆堆形状导出到 AutoCAD 软件中，文件名称为"Blast-Shape. dwg"；单击"退出"按钮，退出"爆堆形状参数"窗体。

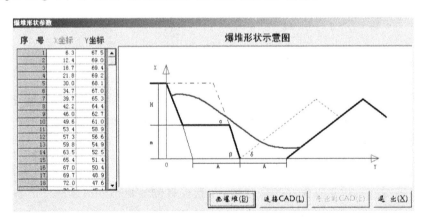

图 4.10　"爆堆形状参数"窗体

4.6.4　设置推土机参数

单击"参数"菜单→"推土机参数"项或者工具栏上的"Dozer"图标，就可以打开"推土机参数"窗体,如图 4.11 所示。窗体左侧和下边是推土机的参数窗口;右上部是推土机的图片,给人以直观的印象。

为了方便数据的录入和修改,OSDSS 增加了添加、编辑、删除、刷新、关闭按钮。

1. 添加

向数据库中添加新的推土机型号时,单击"添加"按钮,OSDSS 清除所有文本框中的数据,同时将焦点移动到第一个字段,开始新记录的输入。添加数据时,OSDSS 对数据进行有效性检验。输入完成后,单击"刷新"按钮,就可以将记录添加到数据库中。

2. 删除

要删除某记录,可以找到要删除的记录,然后单击"删除"按钮,这时 OSDSS 会提示用户"您确定要删除当前记录吗?"单击"是"按钮,则删除该记录,记录集指针移动到第一条记录。

3. 编辑

要编辑某记录,可以找到要编辑的记录,然后单击"编辑"按钮,对记录进行编辑修改,编辑完成后,单击"刷新"按钮,就可以将记录保存到数据库中。

4. 关闭

单击"关闭"按钮,关闭"推土机参数"窗体,返回主窗体。

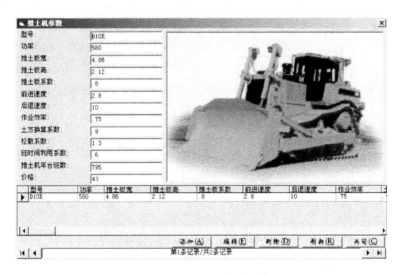

图 4.11 "推土机参数"窗体

4.6.5 设置拉铲参数

单击"参数"菜单→"拉铲参数"项或者工具栏上的"DragL"图标,就可以打开"拉铲规格表"窗体,如图 4.12 所示。窗体左侧和下边是拉铲的参数窗口;右上部是拉铲作业的图片,给人以直观的印象。"拉铲规格表"窗体按钮的功能与4.6.4节中介绍的按钮功能相同。

4.6.6 计算抛掷爆破有效抛掷率

单击"选型"菜单→"计算有效抛掷率"项或者工具栏上的"BRatio"图标,就可以打开"计算有效抛掷率"窗体,如图 4.13 所示,单击"显示图形"按钮,OS-DSS 在绘图区内绘制台阶断面形状和爆堆形状;单击"计算"按钮,OSDSS 自动圈定有效抛掷区域,计算出抛掷爆破的有效抛掷率并显示在左下方,保存在" * . cast"文件中。

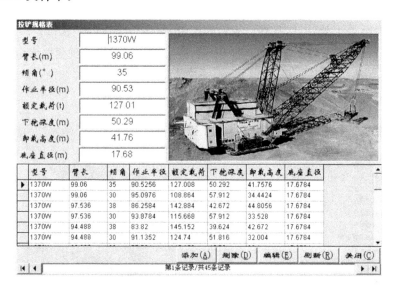

图 4.12 "拉铲规格表"窗体

4.6.7 计算推土机扩展平盘

单击"选型"菜单→"推土机扩展平盘"项或者工具栏上的"Level"图标,就可以打开"推土机扩展平盘"窗体,如图 4.14 所示。窗体的左上方是推土机降

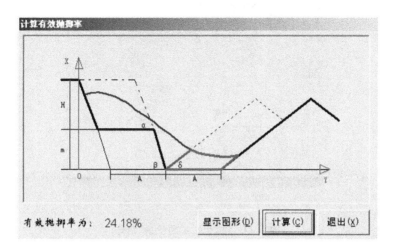

图 4.13　"计算有效抛掷率"窗体

段参数设置栏,OSDSS 提供缺省值,通过直接输入或者调节滚动条对推土机降段初值、降段终值、降段步长、计算精度和扩展平台步长进行设置,然后单击"计算"按钮,可以计算推土机在不同的排弃高度下能够扩展的平台宽度。一般情况下,抛掷爆破的沉降率为原剥离台阶高度的 30% 左右,因此,推土机降段初值可以取$(30\% \sim 40\%)H$,降段终值可以取$(70\% \sim 80\%)H$。在爆堆断面图上计算扩展平台宽度时,通过比较推土机降段水平面以上推土机排弃的爆堆面积和推土机扩展平台下的面积来确定扩展平台宽度,这两个面积的差用计算精度来控制,降段步长和扩展平台步长用来设定模拟的精度。窗体的右上方显示计算结果;下方是推土机扩展平台参数设置示意图,给人以直观印象。窗体的最下边是进度条,显示计算的进度。

　　单击"导出到 Excel"按钮,可以打开 Microsoft Excel 软件,将计算的结果导入 Excel 表中,如图 4.15 所示。单击"导出到 CAD"按钮,可以把每一个降段高度及其所对应的扩展平台宽度计算结果导入 AutoCAD 软件中,并且每一个结果都在不同的图层上,图层名就是计算结果的名字,如"降段高度15m 扩展平台宽度19m"图层,表示推土机降段高度为 15 m 时,可以将平台宽度扩展至 19 m,如图 4.16 所示,文件名称为"DozerLevel. dwg";单击"缺省"按钮,可以恢复"推土机降段参数"设置;单击"退出"按钮,退出"推土机扩展平盘"窗体,返回到主窗体。

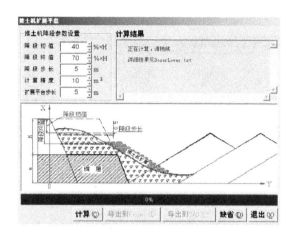

图 4.14 "推土机扩展平盘"窗体

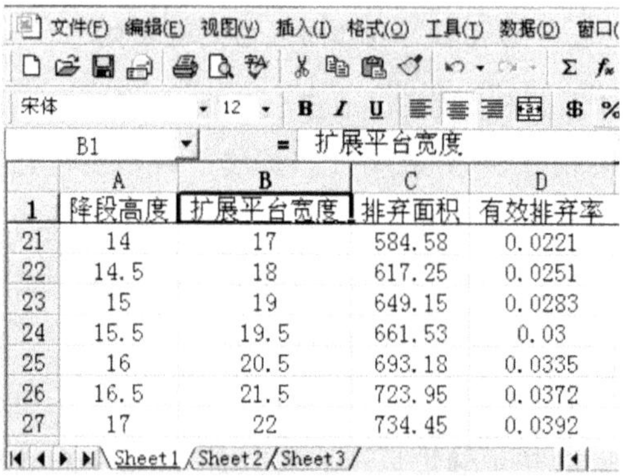

	A	B	C	D
1	降段高度	扩展平台宽度	排弃面积	有效排弃率
21	14	17	584.58	0.0221
22	14.5	18	617.25	0.0251
23	15	19	649.15	0.0283
24	15.5	19.5	661.53	0.03
25	16	20.5	693.18	0.0335
26	16.5	21.5	723.95	0.0372
27	17	22	734.45	0.0392

图 4.15 推土机扩展平盘计算结果

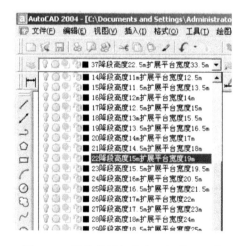

图 4.16 计算结果保存在不同的图层中

4.6.8　拉铲可行方案初选

单击"选型"菜单→"拉铲可行方案"项或者工具栏上的"Feasbl"图标,就可以打开"拉铲可行方案"窗体,如图 4.17 所示。单击"读入参数"按钮,就可以在窗体的左上方显示开采参数,也就是在前面"开采参数设置"窗体中输入的信息,在此显示这些参数的目的是检查开采参数是否正确,如果正确,就可以继续计算,如果不正确,则关闭此窗体,返回主窗体,进入"开采参数设置"窗体重新进行设置。窗体右上方显示拉铲作业参数,包括拉铲循环周期 $t(\text{s})$、拉铲年挖掘时间 $T(\text{h})$、拉铲满斗系数 K_{m} 和物料在铲斗中的松散系数 K_{d},这些信息保存在"DraglinePara. txt"文件中。这些参数用来计算拉铲 1 m^3 勺斗容积年生产能力。拉铲作业参数可以根据需要做适当的修改。

单击"计算"按钮,OSDSS 进行拉铲可行方案模拟,下方的区域里显示计算的结果,最终计算结果保存在"*. fsbl"文件中(*代表开采方案的名称,下同),记录可行方案中推土机和拉铲年作业量等信息,为 OSDSS 参数的优化做准备。

单击"导出到 Excel"按钮,系统打开 Microsoft Excel 软件,将计算的结果写入 Excel 表中,如图 4.18 所示。

单击"缺省值"按钮,可以恢复对参数的修改。

4.6.9　推土机降段高度优化

单击"优化"菜单→"推土机降段优化"项或者工具栏上的"Opti1"图标,就可以打开"推土机降段高度优化"窗体,如图 4.19 所示。窗体左边一栏是推土机作业成本各个组成部分及数值,包括折旧年限、修理费率、材料费率、燃油年消耗量、燃油价格、工资和其他信息,用户可以修改这些数值,修理费率和材料费率一般不需要修改,燃油年消耗量是 OSDSS 根据右侧推土机的功率计算出来的。中间一栏是拉铲作业成本各个组成部分及数值,包括折旧年限、修理费率、材料费率、剥离 1 m^3 的电力消耗、电的价格、工资和其他信息,用户可以修改这些数值,修理费率、材料费率和剥离 1 m^3 的电力消耗一般不需要修改。右侧一栏是推土机的作业规格参数,包括推土机型号、推土机功率、推土板宽度、推土板高度、推土板系数、前进速度、后退速度、作业效率、土方换算系数、松散系数、班时间利用系数、推土机年台班数和推土机价格等信息。

首先在"推土机型号"栏中选择一种推土机型号,然后单击"优化"按钮,计

图 4.17 "拉铲可行方案"窗体

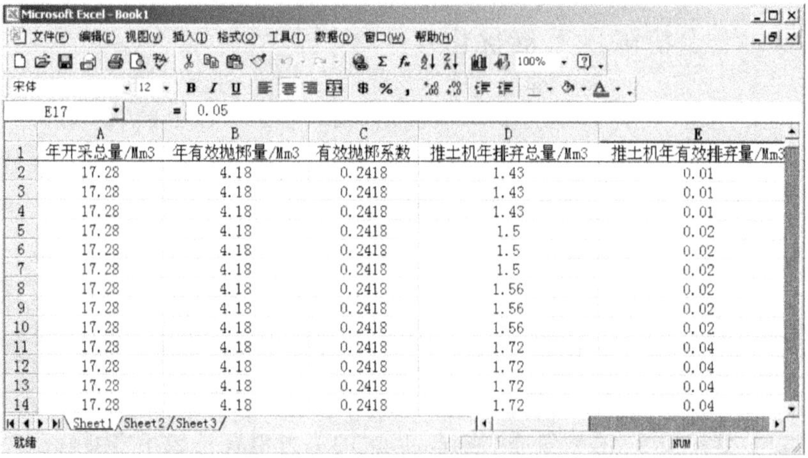

图 4.18 导到 Excel 中的拉铲可行方案结果

算完成后,OSDSS 将计算结果显示在窗体的左下方。输出结果保存在"*. OptH"文件中,包括推土机和拉铲总的作业费用、推土机年排弃量、推土机降段高度、推土机数量和推土机型号等信息。这里的"推土机降段高度"就是优化得到的最经济、最合理的推土机降段高度。

　　单击相应的缺省值按钮,可以恢复各组参数的缺省值。

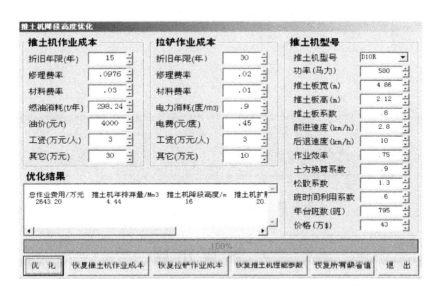

图 4.19　"推土机降段高度优化"窗体

4.6.10　拉铲悬臂长度与勺斗容积优化

　　单击"优化"菜单→"臂长和斗容优化"项或者工具栏上的"Opti2"图标,就可以打开"拉铲臂长和斗容优化"窗体,如图 4.20 所示。单击"优化"按钮,OSDSS 计算在推土机最优降段高度下拉铲最经济的悬臂长度和勺斗容积,计算结果保存在"＊.OptVR"文件中,包括倒堆台阶年开采总量、抛掷爆破年有效抛掷量、抛掷爆破有效抛掷系数、推土机年排弃总量、推土机年有效排弃量、推土机有效排弃率、推土机降段高度、推土机扩展平台宽度、推土机数量、推土机型号、拉铲年剥离量、拉铲再倒堆工程量、拉铲再倒堆系数、拉铲扩展平台宽度、拉铲勺斗容积、拉铲工作半径、拉铲型号、悬臂长度和悬臂倾角等信息。

　　单击"导出 Excel"按钮,可以将拉铲悬臂长度和勺斗容积优化结果导到Excel 文件中;单击"导出 CAD"按钮,可以将拉铲的扩展平台宽度和作业参数等信息导到 AutoCAD 中,以便工程绘图。

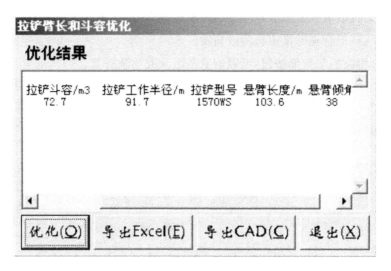

图 4.20 "拉铲臂长和斗容优化"窗体

4.7 本章小结

本章主要介绍了拉铲倒堆开采工艺优化系统的总体结构、数据库的数据结构和系统的主要功能,主要研究内容如下。

(1) 针对抛掷爆破＋推土机降段扩展平台＋拉铲扩展平台的综合开采工艺系统,开发了拉铲倒堆开采工艺优化系统(OSDSS)。该系统能够方便、灵活地进行拉铲设备选型和作业参数优化,为实际工程设计提供了一套快捷、有效、可靠的决策支持系统和辅助设计工具。

(2) OSDSS 是在 Windows 2000 环境下应用 Visual Basic 6.0 编程语言开发的功能比较完善的可视化决策支持系统。OSDSS 集成了 Microsoft 公司的 Microsoft Excel、Microsoft Access 和 Autodesk 公司的 AutoCAD 2000/2004 软件,利用 ActiveX 技术,根据 AutoCAD 和 Excel 暴露出来的对象,用 Visual Basic 对 AutoCAD 和 Excel 进行二次开发。一方面,可以利用这些软件本身的强大功能,简化系统开发,缩短系统开发的时间;另一方面,可以将计算结果导入这些软件中,为工程设计和数据统计分析提供的简单、有效的手段。

(3) OSDSS 的最大特点是具有很大的适应性,可以完成多种类型的拉铲倒堆开采工艺的优化。例如,将爆堆形状设置成原始台阶形状,即不考虑抛掷爆破,并且将推土机扩展平台宽度设为 0,就可以完成简单拉铲倒堆开采工艺的优化;将推土机扩展平台宽度设为 0,就可以完成抛掷爆破+拉铲扩展平台倒堆开采工艺的优化;将爆堆形状设置成原始台阶形状,即不考虑抛掷爆破,就可以完成推土机扩展平台+拉铲扩展平台倒堆开采工艺的优化;考虑抛掷爆破和推土机降段扩展平台,就可以完成抛掷爆破+推土机扩展平台+拉铲扩展平台倒堆开采工艺的优化。

(4) OSDSS 的开发对科学研究和设计单位的工程设计具有重要的意义。它可以将研究人员和工程设计人员从原来的烦琐的手工作业中解脱出来,可以用节省出来的大量人力、物力和时间来进行更多可行方案的设计,进而可以从大量的可行方案中进行优选。而手工作业往往只能设计几个可行方案,有时候这几个可行方案不一定包含最优方案,不能保证优选方案的可靠性。因此,功能完备、通用性强的 OSDSS 的开发,既可以加强我国对拉铲倒堆开采工艺的研究,又可以为工程设计提供可视化的辅助设计工具。

第5章　拉铲倒堆开采工艺优化研究

本章介绍了胜利一号露天煤矿和黑岱沟露天煤矿的概况和设计中推荐的拉铲作业方式以及开采参数和开采方案,并以这两个露天煤矿为例,应用本书所建立的优化模型和开发的 OSDSS 对露天煤矿拉铲倒堆开采工艺进行了设备选型和作业参数优化,从而研究我国露天煤矿拉铲倒堆开采工艺的一般性原则和参数优化方法,并通过与设计方案进行综合技术、经济对比,验证系统的正确性、可靠性和实用性,为我国露天煤矿引进拉铲倒堆开采工艺进行有意义的探索。

5.1　胜利一号露天煤矿拉铲倒堆开采工艺优化研究

5.1.1　胜利一号露天煤矿概况

胜利一号露天煤矿位于内蒙古自治区锡林浩特市北郊 6 km。该露天煤矿田储量丰富、资源可靠、开采条件优越、外部条件齐备、市场条件稳定,是我国现阶段正在开发建设的矿田中内外部条件较好的一个露天煤矿。

胜利一号露天煤矿地形平坦,煤层倾角近水平(为 $3°\sim5°$),主要可采煤层为 5 号煤层和 6 号煤层,5 号煤层在上部,平均厚度为 18.16 m,发育稳定;6 号煤层平均厚度为 36.64 m,发育最稳定;5 号煤层与 6 号煤层间夹矸的平均厚度为 60 m。煤层主要特征如表 5.1 所示。

表 5.1　胜利一号露天煤矿主要可采煤层特征

煤层	煤层厚度/m			夹矸厚度/m			层间距/m			稳定程度
	最小	最大	平均	最小	最大	平均	最小	最大	平均	
5	0.10	32.0	18.2	0	8.43	2.60	28.9	131.3	60	稳定
6	0.40	93.0	36.6	0	12.9	1.03				最稳定

胜利一号露天煤矿建设规模为 20 Mt/a,分两期建设,一期为 10 Mt/a,二期达到 20 Mt/a。露天开采境界内商品煤量为 2 095.28 Mt,开采服务年限为 95 年。

胜利一号露天煤矿初步设计由中煤科工集团沈阳设计研究院有限公司(以下简称沈阳院)设计完成,采用具有国际水准的先进的工艺系统,即单斗挖掘机-自移式破碎机-拉铲倒堆综合工艺方案。具体开采工艺如表 5.2 所示,开采工艺布置如图 5.1 所示。

表 5.2　胜利一号露天煤矿开采工艺

地　　层	开　采　工　艺
5 号煤层以上土岩	单斗挖掘机+自移式破碎机半连续开采工艺
5 号煤层	液压铲、前装机-运煤卡车+地面半固定式破碎站半连续开采工艺
5 号、6 号煤层之间的其他岩石	单斗挖掘机-运煤卡车开采工艺
6 号煤层顶板以上 45 m 岩石	拉铲倒堆开采工艺
6 号煤层	单斗挖掘机-卡车+地面半固定式破碎站半连续开采工艺

地层	厚度/m	柱状	开采工艺
表土	80~100		单斗挖掘机+自移式破碎机半连续开采工艺
基岩			
5 号煤层	18		液压铲、前装机-运煤卡车+地面半固定式破碎站半连续开采工艺
岩石	15		单斗挖掘机-运煤卡车开采工艺
	45		拉铲倒堆开采工艺
6 号煤层	36		单斗挖掘机-运煤卡车+地面半固定式破碎站半连续开采工艺

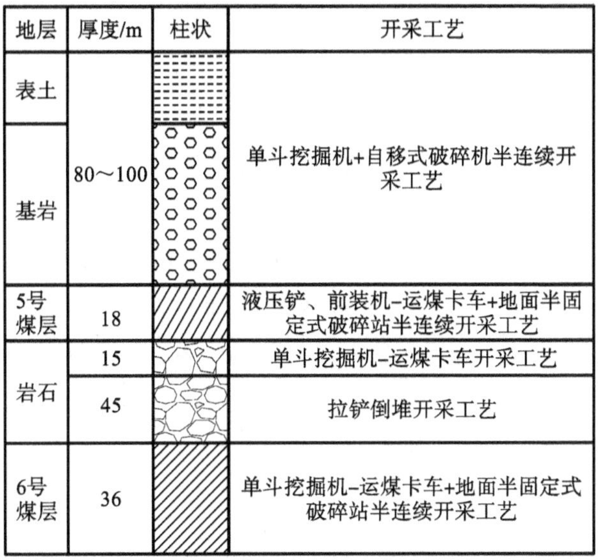

图 5.1　胜利一号露天煤矿开采工艺布置

露天煤矿拉铲倒堆开采工艺优化一般要考虑以下三个问题。

(1)作业方式。

(2)开采参数。

(3)设备选型及作业参数优化。

5.1.2 作业方式

根据胜利一号露天煤矿的地质条件,采用拉铲倒堆开采工艺剥离 6 号煤层顶板以上厚度为 45 m 的中硬岩石,需要抛掷爆破,由于剥离台阶高度较高,直接用拉铲剥离是不经济的,也是不可能的,因此,该矿拉铲倒堆开采工艺采用联合扩展平台的作业方式,即作业平台是由推土机扩展平台和拉铲扩展平台联合形成的,拉铲站位于联合扩展平台之上,将剥离物倒入内排土场。

5.1.3 开采参数

拉铲设备选型前要确定的开采参数包括倒堆台阶工作线长度和倒堆台阶工作面参数。

5.1.3.1 倒堆台阶工作线长度

胜利一号露天煤矿开采对象主要为 5 号煤层与 6 号煤层,煤层平均厚度为 47 m,按建设规模 20.0 Mt/a 计算,采煤工作线长度为 1 800 m,拉铲倒堆台阶工作线长度为 1 920 m,工作线年推进强度为 200 m 左右。

5.1.3.2 倒堆台阶工作面参数

在一台吊斗铲倒堆,推土机与吊斗铲联合扩展平台的作业条件下,根据胜利一号露天煤矿煤、岩的赋存状况,对沈阳院提出的 40 m、45 m、50 m 三种不同的剥离台阶高度开采方案进行比选。各个方案的倒堆台阶工作面参数如表 5.3 所示。

表 5.3 胜利一号露天煤矿倒堆台阶工作面参数

方案	剥离台阶高度/m	煤层厚度/m	实体宽度/m	剥离台阶坡面角/(°)	采煤阶坡面角/(°)	排土台阶坡面角/(°)
I	40	36	60	65	70	33
II	45	36	60	65	70	33
III	50	36	60	65	70	33

5.1.4 拉铲设备选型及作业参数优化

5.1.4.1 原始数据的选取

拉铲设备选型优化需要准备的数据文件包括拉铲倒堆台阶工作面开采参

数文件、抛掷爆破爆堆形状文件、拉铲规格文件、拉铲作业成本文件、拉铲作业性能参数文件、推土机规格文件和推土机作业成本文件。

1. 拉铲倒堆台阶工作面开采参数文件

拉铲倒堆台阶工作面开采参数文件保存在 OSDSS 安装目录下的\data\子目录下,文件名字为 *.mine。不同的工作面开采参数设置对应不同的开采方案,表 5.3 所示三个开采方案分别命名为 FAN01.mine、FAN02.mine 和FAN03.mine。FAN02.mine 开采参数文件内容及格式如图 5.2 所示,其他文件格式与该文件相同。

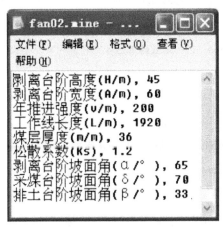

图 5.2　FAN02.mine 开采参数文件内容及格式

2. 抛掷爆破爆堆形状文件

抛掷爆破爆堆形状取决于岩石性质、岩石单位炸药消耗量、爆破方法以及起爆顺序等多种因素,应通过爆破试验确定。根据国外露天煤矿抛掷爆破结果,抛掷爆破的爆堆形状由梯形和三角形组成。不同开采方案对应的爆堆形状不同,不同地质条件的露天煤矿的爆堆形状也不同,为了分析对比,本次拉铲设备选型及参数优化采用沈阳院设计的爆堆形状。抛掷爆破爆堆形状因方案不同而异。抛掷爆破爆堆形状文件保存在 OSDSS 安装目录下的\data\子目录下,文件名字为 *.blst,与 FAN02 开采方案对应的抛掷爆破爆堆形状文件的内容及格式如图 5.3 所示。

3. 拉铲规格文件

拉铲规格文件中是从不同的拉铲制造厂商那里得到的拉铲参数数据。图5.4 所示数据是 Bucyrus 公司生产的部分迈步式拉铲(walking dragline)的型号

图 5.3 抛掷爆破爆堆形状文件的内容及格式示例

及其参数。额定荷重就是拉铲能够承担的最大质量,包括勺斗自身的质量和装载的物料质量,用来确定勺斗的最大容积。下挖深度决定了拉铲倒堆台阶的最大高度,卸载高度决定了内排土场的峰值高度,底座直径用来确定拉铲距离站立水平坡顶的安全距离。拉铲规格文件保存在 OSDSS 安装目录下的\data\子目录下,文件名字为 draglineSpec.txt,可以通过 OSDSS 添加或修改该文件。

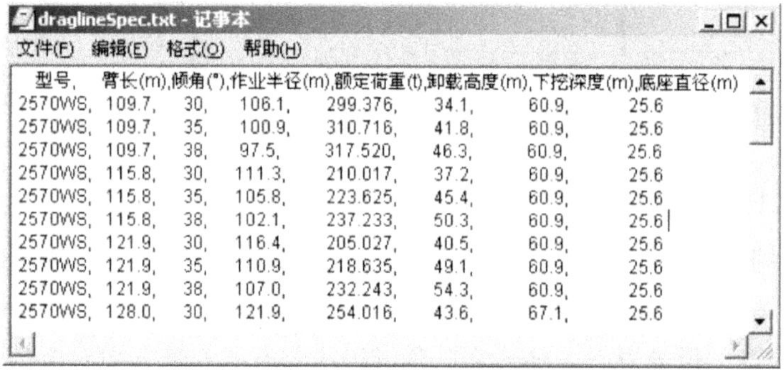

型号	臂长(m)	倾角(°)	作业半径(m)	额定荷重(t)	卸载高度(m)	下挖深度(m)	底座直径(m)
2570WS,	109.7,	30,	106.1,	299.376,	34.1	60.9,	25.6
2570WS,	109.7,	35,	100.9,	310.716,	41.8,	60.9,	25.6
2570WS,	109.7,	38,	97.5,	317.520,	46.3,	60.9,	25.6
2570WS,	115.8,	30,	111.3,	210.017,	37.2,	60.9,	25.6
2570WS,	115.8,	35,	105.8,	223.625,	45.4,	60.9,	25.6
2570WS,	115.8,	38,	102.1,	237.233,	50.3,	60.9,	25.6|
2570WS,	121.9,	30,	116.4,	205.027,	40.5,	60.9,	25.6
2570WS,	121.9,	35,	110.9,	218.635,	49.1,	60.9,	25.6
2570WS,	121.9,	38,	107.0,	232.243,	54.3,	60.9,	25.6
2570WS,	128.0,	30,	121.9,	254.016,	43.6,	67.1,	25.6

图 5.4 拉铲规格参数示例

4. 拉铲作业性能参数文件

拉铲作业性能除了与拉铲的型号和规格有关外,还与设备检修技术水平、备件供应情况、拉铲的作业条件、倒堆工作面的地质条件、操作人员的操作技术水平以及管理等有关系。因此,不同的矿山拉铲作业性能的差异性很大,很难通过计算确定。拉铲作业性能有关参数的确定原则如下。

(1) 作业循环时间 t 的确定。

根据苏联 B.B. 里热夫斯基的结论,拉铲作业循环时间与勺斗容积及岩性有关,如表 5.4 所示。

表 5.4　拉铲作业循环时间

项　　目	拉铲勺斗容积/m³			
	4～6	10～15	20～30	50～100
岩石的可挖性系数	3.0～3.5	4.0～4.5	4.8～5.2	5.5～6.0
作业循环时间/s	45～60	60	65	65

注:岩石的可挖性系数是与岩性及爆破程度有关的系数,岩石越硬,爆破程度越差,其值越大。

根据 2002 年美国 Bucyrus 公司提供的资料,特大型拉铲一次作业循环时间与拉铲作业时的平均回转角度有关,如表 5.5 所示。

表 5.5　Bucyrus 公司提供的拉铲作业循环时间

项　　目	拉铲作业回转角度			
	90°	90°	140°	170°
挖掘高度/m	20	20	31	30
卸载高度/m	10	20	25	25
作业循环时间/s	52	52	63	69

根据表 5.4 和表 5.5,结合本矿的实际,中等硬度岩石需要抛掷爆破,剥离台阶高度为 45 m,拉铲作业回转角度一般为 90°～150°,平均 120°左右,确定拉铲作业循环时间为 65 s。

(2) 拉铲年挖掘时间 T 的确定。

影响拉铲年挖掘时间的因素较多,主要有作业停顿时间(节假日、检修、天气影响等)、电气和机械故障时间。美国 10 个使用拉铲的露天煤矿年平均有效挖掘时间为 6 681 小时。2002 年神华准格尔能源有限责任公司组团赴加、美考察的 7 个露天煤矿拉铲年挖掘时间为 5 500～7 100 小时,平均 6 500 小时。2002 年美国 Bucyrus 公司提供的拉铲能力计算资料推荐拉铲年有效挖掘时间为 6 400 小时。综合上述资料,结合本矿的具体情况(倒堆台阶工作线长度短,岩性中硬,备品备件及时供应率低,检修经验不足),本矿拉铲年挖掘时间为 6 300 小时。

(3) 拉铲满斗系数 K_m。

拉铲满斗系数取决于岩石的性质、拉铲的勺斗容积和形状、拉铲司机的熟练程度等因素。对于挖掘爆破后的岩石而言,拉铲的满斗系数主要取决于爆破后岩石的块度和拉铲的勺斗容积。根据苏联 B. B. 里热夫斯基的结论,爆破后岩石尺寸与满斗系数的关系如表 5.6 所示。

表 5.6　拉铲满斗系数

勺斗容积/m³	不同岩块尺寸/mm									
	150	250	350	450	550	650	750	850	950	1 050
	满 斗 系 数									
25	1.17	1.15	1.11	1.06	1.02	0.93	0.80	0.63	0.50	0.35
35	1.18	1.16	1.13	1.09	1.05	1.00	0.91	0.79	0.65	0.54
40	1.18	1.16	1.14	1.11	1.07	1.02	0.96	1.86	0.74	0.62
50	1.18	1.16	1.15	1.12	1.09	1.05	0.99	0.92	0.81	0.70

该矿岩石中硬,勺斗容积为 70～90 m³,预计爆破后小于 1 000 mm 的岩石块度占爆破总量的 80%～90%,因此,确定该矿拉铲的满斗系数为 0.90。

(4) 剥离物在拉铲勺斗中的松散系数 K_d。

拉铲勺斗内物料的松散系数取决于岩石的性质、拉铲的勺斗容积及岩石爆破后的块度等因素。根据苏联 B. B. 里热夫斯基的结论,拉铲勺斗内物料的松散系数如表 5.7 所示,该矿岩石属于中硬岩石,K_d 值可以确定为 1.35。

表 5.7　拉铲勺斗内物料的松散系数

物料名称	压实的软岩、砂砾石	不坚固致密岩石	中等坚固致密岩石	坚固致密岩石
K_d	1.25～1.35	1.30～1.40	1.35～1.45	1.40～1.50

拉铲作业性能参数文件保存在 OSDSS 安装目录下的 \data\ 子目录下,文件名字为 DraglinePara.txt,文件内容及格式如图 5.5 所示。

图 5.5　拉铲作业性能参数文件的内容及格式

5. 推土机规格文件

推土机规格文件包括从不同的推土机制造厂家那里得到的推土机参数。图 5.6 所示数据是美国卡特彼勒公司生产的 D10R 型和 D9R 型推土机规格参数。推土机的功率和推土板参数决定了推土机的工作能力。推土机规格文件保存在 OSDSS 安装目录下的\data\子目录下,文件名字为 Dozer.txt,可以通过 OSDSS 添加或修改该文件。

图 5.6　推土机规格参数示例

6. 拉铲作业成本文件和推土机作业成本文件

拉铲作业成本和推土机作业成本均主要由折旧年限、修理费率、材料费率、动力费、动力费率、工资和其他等六个部分组成。拉铲的动力为电力,动力费为 0.9 元/m³,动力费率为电费,因地区而异;推土机的动力为燃油,动力费为年消耗的燃油吨数,由推土机的功率决定,动力费率是燃油的价格,因时因地不同而异。拉铲作业成本文件保存在 OSDSS 安装目录下的\data\子目录下,文件名字为 DraglineCost.txt,文件内容及格式如图 5.7 所示,可以通过 OSDSS 修改该文件。推土机作业成本文件保存在 OSDSS 安装目录下的\data\子目录下,文件名字为 DozerCost.txt,文件内容及格式如图 5.8 所示,可以通过 OSDSS 修改该文件。

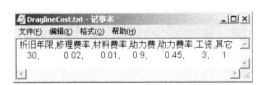

图 5.7　拉铲作业成本文件内容及格式

图 5.8　推土机作业成本文件内容及格式

5.1.4.2　拉铲设备选型

准备好原始数据文件后,就可以应用 OSDSS 进行拉铲设备选型。首先计算抛掷爆破的有效抛掷率,然后计算推土机降段高度和扩展平台宽度,最后计算拉铲倒堆作业的所有可行方案。

1. 计算抛掷爆破的有效抛掷率

OSDSS 调用抛掷爆破爆堆形状文件,计算抛掷爆破的有效抛掷率。由各个方案计算得到的抛掷爆破有效抛掷率如表 5.8 所示。

表 5.8　胜利一号露天煤矿不同开采方案的抛掷爆破有效抛掷率

方　　案	剥离台阶高度/m	实体宽度/m	有效抛掷率/(%)
Ⅰ	40	60	23.84
Ⅱ	45	60	24.18
Ⅲ	50	60	25.45

2. 计算推土机降段高度和扩展平台宽度

OSDSS 调用抛掷爆破爆堆形状文件和拉铲倒堆台阶工作面开采参数文件,计算推土机所有可能的降段高度、扩展平台宽度和有效排弃率。表 5.9 所示是由方案Ⅱ计算得到的部分结果。

表 5.9　胜利一号露天煤矿由方案Ⅱ计算得到的推土机降段结果

X 坐标/m	Y 坐标/m	降段高度/m	扩展平台宽度/m	排弃面积/m²	有效排弃率/(%)
12.6	54	13.5	16.4	567.61	0.020 3
12.83	53.5	14	17.2	592.79	0.022 7
13.07	53	14.5	18	617.25	0.025 1
13.3	52.5	15	18.8	641.09	0.027 6
13.53	52	15.5	19.6	665.52	0.030 4
13.77	51.5	16	20.4	689.22	0.033 2
14	51	16.5	21.4	720.03	0.036 8
14.23	50.5	17	22.2	742.21	0.039 9
14.47	50	17.5	23	765.79	0.043 3
14.7	49.5	18	24	796.79	0.047 6
14.93	49	18.5	25	826.85	0.052 1
15.17	48.5	19	26	855.35	0.056 7
15.4	48	19.5	26.8	875.44	0.060 5
15.63	47.5	20	28	909.48	0.066 3

3. 计算拉铲倒堆作业的所有可行方案

OSDSS 调用抛掷爆破爆堆形状文件、拉铲倒堆台阶工作面开采参数文件、拉铲规格文件、拉铲作业性能参数文件和推土机规格文件,计算在推土机一定降段高度和扩展平台宽度条件下所有技术可行的拉铲倒堆作业方案。表 5.10 所示是由方案 Ⅱ 计算得到的部分结果,表中包含了拉铲倒堆作业中一些重要参数,如倒堆台阶年开采总量、抛掷爆破参数、推土机的作业参数及拉铲的作业参数和型号等。

表 5.10　胜利一号露天煤矿由方案 Ⅱ 计算得到的推土机降段 15 m 条件下的可行方案

倒堆台阶年开采总量 /Mm³	推土机					拉铲								
	年排弃总量 /Mm³	有效排弃量 /Mm³	有效排弃率	降段高度 /m	扩展平台宽度 /m	年剥离量 /Mm³	再倒堆工程量 /Mm³	再倒堆系数	扩展平台宽度 /m	勺斗容积 /m³	工作半径 /m	型号	悬臂长度 /m	悬臂倾角 /(°)
17.28	4.44	0.58	0.033 5	16	20.5	14.8	2.28	0.131 8	16.6	67.4	106.1	2570WS	109.7	30
17.28	4.44	0.58	0.033 5	16	20.5	15.42	2.9	0.167 5	21.8	70.2	100.9	2570WS	109.7	35
17.28	4.44	0.58	0.033 5	16	20.5	15.8	3.27	0.189 4	25.2	71.9	97.5	2570WS	109.7	38
17.28	4.44	0.58	0.033 5	16	20.5	14.14	1.61	0.093 4	11.4	64.4	111.3	2570WS	115.8	30
17.28	4.44	0.58	0.033 5	16	20.5	14.84	2.32	0.134	16.9	67.6	105.8	2570WS	115.8	35
17.28	4.44	0.58	0.033 5	16	20.5	15.28	2.76	0.159 5	20.6	69.6	102.1	2570WS	115.8	38
17.28	4.44	0.58	0.033 5	16	20.5	13.44	0.92	0.053 1	6.3	61.2	116.4	2570WS	121.9	30
17.28	4.44	0.58	0.033 5	16	20.5	14.19	1.67	0.096 5	11.8	64.4	110.9	2570WS	121.9	35
17.28	4.44	0.58	0.033 5	16	20.5	14.69	2.17	0.125 4	15.7	66.9	107	2570WS	121.9	38
17.28	4.44	0.58	0.033 5	16	20.5	12.64	0.12	0.006 7	0.8	57.6	121.9	2570WS	128.0	30
17.28	4.44	0.58	0.033 5	16	20.5	13.52	1.00	0.058	6.9	61.6	115.6	2570WS	128.0	35
17.28	4.44	0.58	0.033 5	16	20.5	14.06	1.53	0.088 8	10.8	64	111.9	2570WS	128.0	38
17.28	4.44	0.58	0.033 5	16	20.5	15.19	2.67	0.154 5	19.8	69.2	100.6	2570W	103.6	30
17.28	4.44	0.58	0.033 5	16	20.5	15.71	3.19	0.184 7	24.4	71.6	96	2570W	103.6	34
17.28	4.44	0.58	0.033 5	16	20.5	16.07	3.54	0.205 1	27.7	73.2	92.7	2570W	103.6	38
17.28	4.44	0.58	0.033 5	16	20.5	14.72	2.2	0.127 2	15.9	67	104.5	2570W	109.7	30
17.28	4.44	0.58	0.033 5	16	20.5	15.16	2.63	0.152 4	19.5	69	100.9	2570W	109.7	34
17.28	4.44	0.58	0.033 5	16	20.5	15.55	3.03	0.175 1	22.9	70.8	97.5	2570W	109.7	38
17.28	4.44	0.58	0.033 5	16	20.5	13.83	1.31	0.076	9.1	63	111.3	2570W	115.8	30
17.28	4.44	0.58	0.033 5	16	20.5	14.56	2.03	0.117 8	14.6	66.3	105.8	2570W	115.8	34
17.28	4.44	0.58	0.033 5	16	20.5	15.01	2.49	0.144 2	18.3	68.4	102.1	2570W	115.8	38
17.28	4.44	0.58	0.033 5	16	20.5	13.12	0.6	0.034 5	4	59.7	116.4	2570W	121.9	30
17.28	4.44	0.58	0.033 5	16	20.5	13.89	1.37	0.079 1	9.5	63.2	110.9	2570W	121.9	34

倒堆台阶年开采总量 /Mm³	推 土 机					拉 铲								
	年排弃总量 /Mm³	有效排弃量 /Mm³	有效排弃率	降段高度 /m	扩展平台宽度 /m	年剥离量 /Mm³	再倒堆工程量 /Mm³	再倒堆系数	扩展平台宽度 /m	勺斗容积 /m³	工作半径 /m	型号	悬臂长度 /m	悬臂倾角 /(°)
17.28	4.44	0.58	0.033 5	16	20.5	14.4	1.88	0.108 9	13.4	65.6	107	2570W	121.9	38
17.28	4.44	0.58	0.033 5	16	20.5	15.08	2.55	0.147 8	18.8	68.7	99.7	1570WS	103.6	30
17.28	4.44	0.58	0.033 5	16	20.5	15.51	2.98	0.172 6	22.5	70.6	96	1570WS	103.6	34
17.28	4.44	0.58	0.033 5	16	20.5	15.97	3.45	0.199 8	26.8	72.7	91.7	1570WS	103.6	38
17.28	4.44	0.58	0.033 5	16	20.5	15.44	2.92	0.168 7	21.9	70.3	96.6	1570WS	109.7	38

从表 5.10 中可以看出,在推土机降段高度一定的情况下,拉铲完成剥离的可行方案大体上分为两种:一种是拉铲工作半径(悬臂长度)较大,相应的勺斗容积较小(称之为长臂小斗型);另一种是拉铲工作半径(悬臂长度)较小,相应的勺斗容积较大(称之为短臂大斗型),如图 5.9 所示。

由图 5.10~图 5.12 可以看出,长臂小斗型拉铲作业方式拉铲再倒堆系数比较小,年剥离量比较少,需要扩展的平台宽度也小,但价格相对昂贵,短臂大斗型拉铲作业方式则恰恰相反(见表 5.11),因此,需要进行拉铲悬臂长度和勺斗容积的优化。同时,由于拉铲和推土机的作业成本不同,倒堆年总作业成本随着推土机年排弃量和拉铲年倒堆量的变化而变化,因此,这两者之间必然存在一个最优值,也就是推土机降段高度有一个最优值,需要对推土机降段高度进行优化。

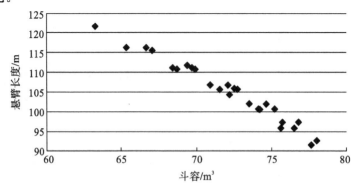

图 5.9　拉铲悬臂长度和勺斗容积的关系

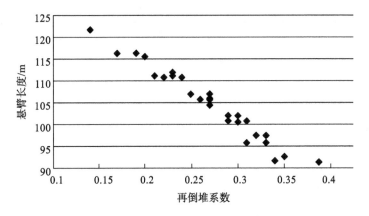

图 5.10　拉铲悬臂长度和再倒堆系数的关系

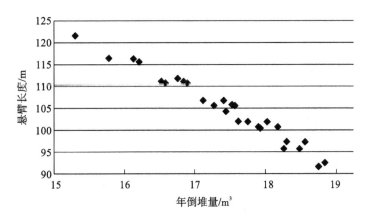

图 5.11　拉铲悬臂长度和年倒堆量的关系

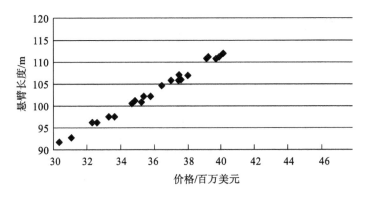

图 5.12　拉铲悬臂长度和价格的关系

表 5.11 不同型号拉铲的价格

型 号	计算勺斗容积/m³	悬臂长度/m	悬臂倾角/(°)	工作半径/m	价格/百万美元
2570WS	63.3	128	30	121.9	43.85
2570WS	66.7	121.9	30	116.4	41.9
2570W	65.4	121.9	30	116.4	41.24
2570WS	67.1	128	35	115.8	41.67
2570WS	69.4	128	38	111.9	40.12
2570WS	69.7	115.8	30	111.3	39.87
2570W	68.4	115.8	30	111.3	39.3
2570WS	69.9	121.9	35	110.9	39.7
2570W	68.7	121.9	34	110.9	39.14
2570WS	72.1	121.9	38	107	38.03
2570W	70.9	121.9	38	107	37.53
2570WS	72.6	109.7	30	106.1	37.63
2570WS	72.7	115.8	35	105.8	37.49
2570W	71.5	115.8	34	105.8	37.02
2570W	72.2	109.7	30	104.5	36.45
2570WS	74.6	115.8	38	102.1	35.81
2570W	73.5	115.8	38	102.1	35.39
2570WS	75.2	109.7	35	100.9	35.25
2570W	74.1	109.7	34	100.9	34.85
2570W	74.2	103.6	30	100.6	34.72
2570WS	76.8	109.7	38	97.5	33.65
2570W	75.8	109.7	38	97.5	33.3
2570W	76.5	103.6	34	96	32.6
1570WS	75.6	103.6	34	96	32.31
2570W	78	103.6	38	92.7	31.05
1570WS	77.6	103.6	38	91.7	30.32

5.1.4.3　作业参数优化

如前所述,推土机年排弃量(降段高度)和拉铲年倒堆量之间必然存在一个最优值,我们可以用拉铲和推土机年作业费用最小作为优化目标进行优化,得到推土机降段高度最优值,从而就可以确定拉铲的最优悬臂长度和勺斗容积。然后对三个开采方案进行经济和技术比较,确定该露天煤矿拉铲倒堆开采工艺的最优方案。

三个开采方案中,推土机降段高度与倒堆作业总费用的关系如图 5.13～图 5.15 所示。从图 5.13 中可以看出,方案Ⅰ(剥离台阶高度 40 m)用两台推土机降段 16 m,倒堆作业总费用最小;从图 5.14 中可以看出,方案Ⅱ(剥离台阶高度 45 m)用两台推土机降段 16 m,倒堆作业总费用最小;从图 5.15 中可以看出,方案Ⅲ(剥离台阶高度 50 m)用三台推土机降段 20 m,倒堆作业总费用最小。从图5.13～图5.15中还可以看出,在剥离台阶高度一定的情况下,推土机降段高度越大,倒堆作业总费用越低,因此,在充分发挥生产能力的情况下,推土机应该尽可能地降段,以减少倒堆作业总费用。随着剥离台阶高度的增加,倒堆台阶的剥离量也增加,推土机的数量也会增加,但同时会给生产组织和剥采设备作业带来难度,因此,推土机数量不宜无限制地增加。根据模拟结果和生产经验,两台推土机配合一台拉铲进行倒堆作业比较合适。

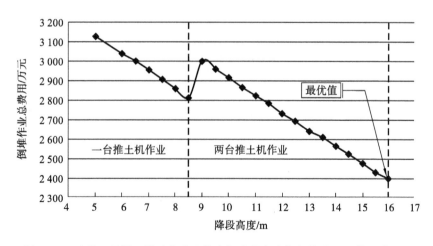

图 5.13　胜利一号露天煤矿方案Ⅰ推土机降段高度与倒堆作业总费用的关系

在推土机最优降段高度下,拉铲的价格与悬臂长度和勺斗容积的关系如图5.16所示。从图中可以看出,短臂大斗类型的拉铲优于长臂小斗类型的拉铲,

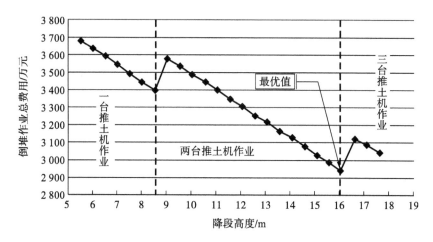

图 5.14　胜利一号露天煤矿方案Ⅱ推土机降段高度与倒堆作业总费用的关系

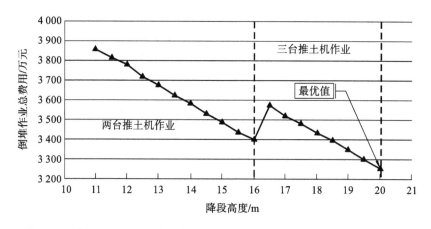

图 5.15　胜利一号露天煤矿方案Ⅲ推土机降段高度与倒堆作业总费用的关系

原因有三:一是拉铲的价格低,设备投资费用大幅度减少;二是拉铲的悬臂长度直接影响到拉铲勺斗容积的大小和生产率,悬臂长度小,则勺斗容积增加,生产率也随之上升,并且拉铲型号的选择余地也增大,甚至降低一个拉铲型号也是有可能的;三是短臂大斗类型拉铲结构比较紧凑,稳定性好,操作方便灵活。

采用本书建立的优化模型对三个开采方案进行优化研究,优化结果如表5.12和表5.13所示。从表5.12中可以得到拉铲倒堆开采方案的优选结果如下。

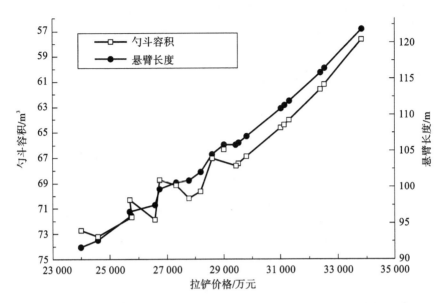

图 5.16　胜利一号露天煤矿在方案Ⅱ推土机最优降段高度下拉铲的价格与悬臂长度和勺斗容积的关系

（1）方案Ⅲ（剥离台阶高度 50 m、采掘带宽度 60 m）尽管每年的剥离量比其他两个方案多，但是由于使用三台推土机作业，给生产组织、管理和设备之间的调度、配合带来一定的难度和影响，并且初期投资较大，故此方案不予以考虑。

（2）方案Ⅰ（剥离台阶高度 40 m、采掘带宽度 60 m）推土机年工作量太大，两台 D10R580HP 型推土机年降段高度 16 m，扩展平台宽度 24 m，年排弃总量 4.52 Mm³，几乎达到推土机的年最大工作能力（D10R580HP 型推土机年生产能力2.27 Mm³），不仅设备可靠性低，而且推土机作业量大，可能会影响拉铲作业，降低拉铲作业效率。

（3）方案Ⅱ（剥离台阶高度 45 m、采掘带宽度 60 m）每年完成的工程量比方案Ⅰ多，并且推土机既能发挥生产能力，又有一定的富余，生产的可靠性可以得到保障。

综上所述，方案Ⅱ优于其他方案，即拉铲倒堆作业的剥离台阶高度为 45 m，采掘带宽度为 60 m，拉铲设备的型号是 1570WS，拉铲的勺斗容积为 72.7 m³，工作半径为 91.7 m，主要技术参数如表 5.13 所示。从模拟结果看，选用短臂大斗型拉铲具有技术和经济上的优势。

表 5.12　胜利一号露天煤矿不同开采方案优化结果

方案	倒堆台阶年开采总量 /Mm³	倒堆作业总费用 /万元	抛掷爆破		推 土 机					拉　铲					
			有效抛掷量 /Mm³	有效抛掷率	年排弃总量 /Mm³	有效排弃量 /Mm³	有效排弃率	降段高度 /m	扩展平台宽度 /m	年剥离量 /Mm³	再倒堆工程量 /Mm³	再倒堆系数	扩展平台宽度 /m	勺斗容积 /m³	工作半径 /m
Ⅰ	15.36	2 207.2	4.01	0.260 9	4.52	0.69	0.047 4	16	23.5	12.07	1.41	0.09	11.6	55	91.7
Ⅱ	17.28	2 643.2	4.18	0.241 9	4.44	0.579	0.033 5	16	20.5	15.97	3.45	0.20	26.8	72.7	91.7
Ⅲ	19.2	2 923.2	4.54	0.236 2	5.81	1.02	0.050 0	20	26	16.43	2.78	0.15	25.3	74.8	91.7

表 5.13　胜利一号露天煤矿不同方案拉铲设备选型

方案	勺斗容积 /m³	作业半径 /m	悬臂倾角 /(°)	悬臂长度 /m	最大挖深 /m	最大卸高 /m	最大容许荷重 /t	机器净重 /t	工作重量 /t	型号
Ⅰ	55	91.7	38	105.2	48.4	48.2	165	4 649	4 740	1570WS
Ⅱ	72.7	91.7	38	103.6	62.5	47.9	242.7	4 649	4 740	1570WS
Ⅲ	74.8	91.7	38	103.6	62.5	47.9	242.7	4 649	4 740	1570WS

三个方案的作业方式和工作规格如图 5.17～图 5.19 所示。

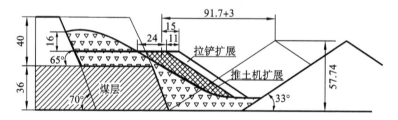

图 5.17　胜利一号露天煤矿方案 Ⅰ 作业方式及工作规格图

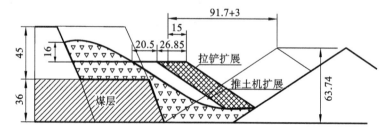

图 5.18　胜利一号露天煤矿方案 Ⅱ 作业方式及工作规格图

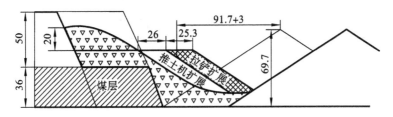

图 5.19　胜利一号露天煤矿方案Ⅲ作业方式及工作规格图

5.1.5　方案对比

沈阳院设计的方案结果如表 5.14 和表 5.15 所示,本章优化研究的结果与沈阳院设计的方案结果对比分析如表 5.16 所示。由此可以看出,优化研究的倒堆作业总费用低,方案Ⅰ低 452.6 万元/a,方案Ⅱ低 351.2 万元/a,方案Ⅲ低 489.6 万元。这主要是因为沈阳院的拉铲选型只考虑了拉铲的线性尺寸能否满足工作的需要,没有对拉铲的悬臂长度和勺斗容积进行优化。

表 5.14　沈阳院设计的胜利一号露天煤矿方案结果

方案	倒堆台阶年开采总量/Mm³	倒堆作业总费用/万元	抛掷爆破		推 土 机					拉 铲					
			有效抛掷量/Mm³	有效抛掷率	年排弃总量/Mm³	有效排弃量/Mm³	有效排弃率	降段高度/m	扩展平台宽度/m	年剥离量/Mm³	再倒堆工程量/Mm³	再倒堆系数	扩展平台宽度/m	勺斗容积/m³	工作半径/m
Ⅰ	15.36	2 659.8	4.01	0.261 2	3.168	0.517	0.033 7	14	18	10.83	1.74	0.11	12.7	53	100
Ⅱ	17.28	2 994.4	4.176	0.241 9	3.419	0.541	0.031 3	15	21	12.56	2.35	0.14	16.5	62	106
Ⅲ	19.2	3 412.8	4.533	0.236 2	3.419	0.565	0.029 4	15	20	14.10	2.92	0.15	19.0	71	116

表 5.15　沈阳院设计的胜利一号露天煤矿方案拉铲设备选型

方案	勺斗容积/m³	作业半径/m	悬臂倾角/(°)	悬臂长度/m	最大挖深/m	最大卸高/m	最大容许荷重/t	机器净重/t	工作重量/t	型号
Ⅰ	53	100	30	105.2	61	39.6	142.9	3 175	3 629	1570W
Ⅱ	62	106	34	115.8	62.5	51.2	179.2	4 468	4 559	1570WS
Ⅲ	71	116	30	121.9	54.9	43.0	205.0	5 089	5 997	2570W

表 5.16　胜利一号露天煤矿不同方案的对比分析

项　　目	方案Ⅰ			方案Ⅱ			方案Ⅲ		
	优化研究	设计	对比	优化研究	设计	对比	优化研究	设计	对比
勺斗容积/m³	55	53	+2	72.7	62	+10.7	74.8	71	+3.8
作业半径/m	91.7	100	−8.3	91.7	106	−14.3	91.7	116	−24.3
悬臂倾角/(°)	38	30	+8	38	34	+4	38	30	+8
倒堆台阶年开采总量/Mm³	15.36	15.36	0	17.28	17.28	0	19.2	19.2	0
倒堆作业总费用/万元	2 207.2	2 659.8	−452.6	2 643.2	2 994.4	−351.2	2 923.2	3 412.8	−489.6

5.2　黑岱沟露天煤矿拉铲倒堆开采工艺优化研究

5.2.1　黑岱沟露天煤矿概况

准格尔煤田位于内蒙古自治区鄂尔多斯市准格尔旗东部,黑岱沟矿田位于准格尔煤田中部,露天煤矿走向长度平均约 7.86 km,倾斜宽度平均为 5.39 km,面积约 42.36 km²,储量为 1 672.90 Mt。黑岱沟露天煤矿是准格尔项目一期工程的主体工程之一,于 1990 年 4 月开始矿山建设,1996 年 9 月 28 日建成并投入试生产,1999 年 11 月 24 日正式移交投产,露天煤矿年生产能力为 12 Mt,服务年限为 115 a。黑岱沟露天煤矿中的煤为低硫、特低磷、中灰、高挥发分长焰煤,是良好的动力用煤,被称为优质环保煤,受到用户的广泛欢迎。

随着国家西部大开发战略决策的实施以及西电东送工程的启动,在准格尔矿区周边地区相继建成一批电厂,这些电厂设计煤源均为准格尔矿区生产的煤炭。因此,神华准格尔能源有限责任公司 12 Mt/a 的煤炭产量已经不能满足市场的需求,扩大生产规模、提高企业经济效益成为当前急需解决的问题。根据黑岱沟露天煤矿的开采技术条件,扩建后的露天煤矿生产能力在 2005 年达到 20 Mt/a,为了适应拉铲倒堆开采,工作线长度由原来的 1 200 m 增加到 2 000 m。

黑岱沟露天煤矿主要开采 6 号煤层。该煤层平均厚度为 28.80 m,较为稳定。该煤层为复合煤层,分为 6 层,即 6Ⅰ~6Ⅵ层,6Ⅲ~6Ⅵ是主要可采煤层。

煤层主要特征如表 5.17 所示。

表 5.17　黑岱沟露天煤矿 6 号煤层主要特征

煤层	煤层厚度/m			煤层间距/m			煤层	稳定
名称	最小	最大	平均	最小	最大	平均	结构	程度
6 Ⅰ	0.10	12.65	2.78				复杂	不稳定
				0	9.58	1.13		
6 Ⅱ	0.05	7.71	3.26				复杂	不稳定
				0	5.46	0.25		
6 Ⅲ	1.65	3.59	2.36				复杂	较稳定
				0.05	1.25	0.65		
6 Ⅳ	14.62	19.11	16.79				复杂	较稳定
				0	0.85	0.39		
6 Ⅴ	0.42	3.00	1.85				复杂	较稳定
				0.8	0.57	0.23		
6 Ⅵ	1.38	3.12	2.46				复杂	较稳定

黑岱沟露天煤矿具体开采工艺如表 5.18 所示。

表 5.18　黑岱沟露天煤矿开采工艺

地　　层	开　采　工　艺
上部黄土(40 m)	轮斗连续开采工艺
中部岩石	单斗挖掘机-运煤卡车开采工艺
下部岩石(45 m)	拉铲倒堆开采工艺
6 号煤层	单斗挖掘机-运煤卡车＋地面半固定式破碎站带式输送机半连续开采工艺

5.2.2　作业方式

拉铲倒堆开采工艺采用联合扩展平台的作业方式,即作业平台是由推土机推土降段扩展作业和拉铲扩展作业联合形成的,拉铲站位于联合扩展平台之上,将剥离物倒入内排土场。

5.2.3　开采参数

为了对比,拉铲倒堆开采参数采用沈阳院在黑岱沟露天煤矿吊斗铲工艺技术改造初步设计中确定的参数,如表 5.19 所示。

表 5.19　黑岱沟露天煤矿拉铲倒堆开采参数

剥离台阶高度/m	煤层厚度/m	采掘带宽度/m	剥离台阶坡面角/(°)	采煤台阶坡面角/(°)	排土台阶坡面角/(°)	爆堆沉降高度/m	松散系数	工作线长度/m	年推进强度/m
45	30	60	75	75	38	13.5	1.35	2110	275

5.2.4　拉铲作业性能参数

根据黑岱沟露天煤矿的实际情况、参考国外资料,确定拉铲作业性能参数,如表 5.20 所示。

表 5.20　黑岱沟露天煤矿拉铲作业性能参数

作业循环时间/s	年作业时间/h	满斗系数	剥离物在勺斗中的松散系数
65	6 200	0.95	1.3

5.2.5　拉铲设备选型及参数优化

将上述数据保存为 OSDSS 需要的文件,运行 OSDSS 各个功能模块,经过计算,得到的最优方案结果如表 5.21 和表 5.22 所示。优化方案的作业方式及工作规格如图 5.20 所示。推土机降段高度与倒堆作业总费用的关系如图 5.21 所示。由模拟结果可以看出,优化方案中的拉铲设备型号比沈阳院设计的低,倒堆作业总费用比沈阳院设计的结果低 377.0 万元。

表 5.21　黑岱沟露天煤矿方案优化结果与沈阳院设计结果对比

方案	倒堆台阶年开采总量/Mm³	倒堆作业总费用/万元	抛掷爆破 有效抛掷量/Mm³	有效抛掷率	推土机 年排弃总量/Mm³	有效排弃量/Mm³	有效排弃率	降段高度/m	扩展平台宽度/m	拉铲 年剥离量/Mm³	再倒堆工程量/Mm³	再倒堆系数	扩展平台宽度/m	勺斗容积/m³	工作半径/m
优化方案	26.11	3 403.8	6.49	0.248 4	6.61	1.31	0.05	10	15.5	19.26	0.94	0.036 0	6.3	87.7	92.7
沈阳院设计方案	26.11	3 780.8	6.53	0.250 0	4.81	1.31	0.05	10.6	15.4	19.79	1.52	0.058 0	10	90	100

表 5.22 黑岱沟露天煤矿拉铲设备选型对比

项 目	勺斗容积 /m³	作业半径 /m	悬臂倾角 /(°)	悬臂长度 /m	最大挖深 /m	最大卸高 /m	最大荷重 /t	机器净重 /t	工作重量 /t	型 号
优化方案	87.7	92.7	38	103.6	45.7	47.2	265	5 203	5 656	2570W
沈阳院设计方案	90	100	35	109.7	60.9	41.8	311	6 377	6 695	2570WS

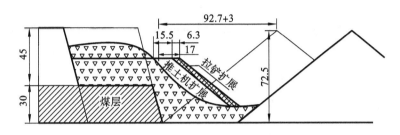

图 5.20 黑岱沟露天煤矿拉铲作业方式及工作规格图

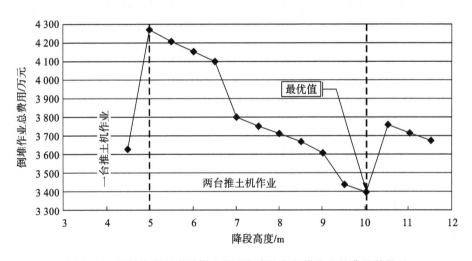

图 5.21 黑岱沟露天煤矿推土机降段高度与倒堆作业总费用的关系

5.3 本 章 小 结

本章运用 OSDSS,以胜利一号露天煤矿和黑岱沟露天煤矿为例,对沈阳院提出的胜利一号露天煤矿的三个设计方案和黑岱沟露天煤矿的一个优化方案进行了设备选型及参数优化研究,并将利用 OSDSS 优化得到的结果与沈阳院的计算结果进行了分析对比。本章主要研究内容和结论如下。

(1)利用 OSDSS 对沈阳院提出的胜利一号露天煤矿的三个设计方案进行了优化研究,优化结果表明:方案 II 优于其他两个方案,即剥离台阶高度为 45 m,采掘带宽度为 60 m,采用抛掷爆破,两台 D10R580HP 型推土机降段 16 m,拉铲采用 Bucyrus 公司制造的作业半径为 91.7 m、勺斗容积为 72.7 m³ 的 1570WS 型拉铲,倒堆台阶年开采总量为 17.28 Mm³。

(2)利用 OSDSS 对沈阳院提出的黑岱沟露天煤矿的推荐方案进行了优化研究,优化结果如下:剥离台阶高度为 45 m,采掘带宽度为 60 m,采用抛掷爆破,三台 D10R580HP 型推土机降段 10 m,拉铲采用 Bucyrus 公司制造的作业半径为 92.7 m、勺斗容积为 87.7 m³ 的 2570W 型拉铲,倒堆台阶年开采总量为 26.11 Mm³。

(3)由以上两个实例的模拟优化结果可以看出,在保证推土机生产能力和不影响拉铲作业的条件下,使用大功率的推土机尽可能地降低爆堆的高度,可以显著地降低倒堆作业总费用,取得明显的经济效益。推土机降段高度可以达到 20 m。

(4)由优化结果可以看出,在所有技术可行的拉铲作业方案中,短臂大斗类型的拉铲优于长臂小斗类型的拉铲,原因有三:一是拉铲的价格低,设备投资费用大幅度减少;二是拉铲的悬臂长度直接影响到拉铲勺斗容积的大小和生产率,悬臂长度小,则勺斗容积增加,生产率也随之上升,并且拉铲型号的选择余地也增大,甚至降低一个拉铲型号也是有可能的;三是短臂大斗类型拉铲结构比较紧凑,稳定性好,操作方便灵活。

(5)使用拉铲倒堆开采工艺时,可以考虑拉铲多于一次的倒堆方式。拉铲可以将一部分剥离物倒排至采空区后,再将已排在采空区内的剥离物倒一次或者数次,以便形成更宽的扩展平台,以利于使用短臂大斗型拉铲进行倒堆作业。俄罗斯规定最多可以倒排 4 次。我国露天煤矿可以在实践中根据实际情况进行摸索和掌握。

(6)通过利用 OSDSS 对胜利一号露天煤矿和黑岱沟露天煤矿两个应用实例进行优化研究,并与设计方案的综合效果、效益进行对比,验证了 OSDSS 的正确性、可靠性和实用性,为我国露天煤矿引进拉铲倒堆开采工艺进行了有意义的探索。

（7）由以上两个应用实例的优化结果及对比分析可以看出，OSDSS 可以作为一种辅助设计工具，利用 OSDSS 简单、快速地进行拉铲倒堆开采工艺系统的优化，且研究结果符合实际，具有重要的实用价值。

第6章 结论与展望

6.1 结 论

拉铲倒堆开采工艺是一种先进的、高效的露天开采工艺,它集采掘、运输和排土三个主要工艺环节于一体,将剥离物直接倒堆排弃于采空区内排土场中,简化了工艺流程,可以大大增加露天煤矿的产量、降低生产成本。该工艺在美国、澳大利亚、俄罗斯和加拿大等国家获得了广泛的应用。

我国已经或将要开发的13个适合露天开采的大型、特大型矿区,有相当一部分煤田具有采用拉铲倒堆开采工艺的有利条件。应在条件优越的矿区率先进行研究,尽早引进先进的露天采矿设备和开采工艺,为加快露天采矿的发展、大幅度提高矿山的经济效益开创一条新的技术途径。但是,我国对拉铲倒堆开采工艺的研究起步较晚,研究成果并不多。因此,针对我国露天煤田的地质赋存条件,深入、系统地研究拉铲倒堆开采工艺在我国露天煤矿应用的一般性原则和方法并应用于设计和生产实践,是我国露天采煤的一项新课题,无论是对我国的露天开采学科方向的建设,还是对我国的露天采矿设计理论、开采技术和生产实践来说都具有重要的意义。同时,我们应该积极研究和开发一套适合我国露天煤矿的拉铲倒堆开采工艺优化系统,为我国露天煤矿拉铲倒堆开采工艺的研究、设计和实践提供简单实用的手段,为系统地研究我国露天煤矿拉铲倒堆开采工艺提供一个通用的工具。

本书在深入分析和总结前人有关研究成果的基础上,分析了我国露天煤矿地质赋存条件与拉铲倒堆作业的特点,建立了拉铲倒堆开采工艺优化的数学模型,开发了露天煤矿拉铲倒堆开采工艺优化系统,提出了我国露天煤矿拉铲倒堆开采工艺的一般性原则和方法,并以开发的系统为工具,对胜利一号露天煤矿和黑岱沟露天煤矿的拉铲倒堆开采工艺进行了优化研究,与沈阳院的设计方案进行了技术和经济对比,验证了所开发系统的有效性和可靠性。本书的主要研究成果如下。

(1) 收集国外拉铲倒堆开采工艺参数和地质技术条件资料,结合我国露天煤矿地质条件的特点,对拉铲倒堆开采工艺进行了详细的分类,并针对不同的工艺系统介绍了拉铲倒堆开采工艺典型的作业方式和开采参数的计算方法。

(2) 在露天煤矿开采深度较大、覆盖层厚度大、煤层厚等条件下,提出了露天煤矿拉铲倒堆开采工艺适宜的作业范围,即使用拉铲倒堆开采工艺剥离采场最下部煤层顶板以上一定厚度的(部分或全部的)岩石。

(3) 收集了大量的露天煤矿地质资料,从工程实际出发,在露天煤矿开采深度较大、覆盖层厚度大、煤层厚等条件下,结合拉铲倒堆开采工艺作业的特点,提出了露天煤矿拉铲倒堆开采工艺作业方式,即露天煤矿适合采用抛掷爆破＋推土机降段扩展平台＋拉铲扩展平台的联合作业方式。

(4) 采用拉铲倒堆开采工艺的露天煤矿,在工作线长度较长时(一般大于2 km),拉铲倒堆联合作业方式宜采用剥采设备分别由两端向中央推进的两翼交替剥采程序。

(5) 露天煤矿拉铲倒堆开采工艺优化涉及矿床赋存条件、露天煤矿年产量要求及剥采作业等多项因素,因此拉铲倒堆开采工艺优化是一个复杂的过程,采用传统的手工作业方式难以做出优化选择。本书深入分析了拉铲倒堆开采工艺的倒堆台阶工作线长度和倒堆台阶工作面参数等诸多因素以及诸因素的确定方法,提出了拉铲倒堆开采工艺优化的基本思路与方法,采用计算机模拟技术,建立了拉铲倒堆开采工艺优化的数学模型。

(6) 在系统分析的基础上,提出了拉铲倒堆开采工艺中推土机降段高度优化模型、对长臂小斗方案和短臂大斗方案提出了拉铲悬臂长度和勺斗容积的优化模型,通过对模拟结果进行分析,认为短臂大斗方案具有技术和经济上的优势。

(7) 以 Visual Basic 为开发环境,以 Microsoft Access 为后台数据库,开发了功能比较完善的拉铲倒堆开采工艺优化系统(OSDSS)。该系统不仅考虑了抛掷爆破参数、推土机作业参数,而且可以对拉铲倒堆方案进行多方案比选和优化,可以作为露天煤矿拉铲倒堆开采工艺优化研究的辅助工具。

(8) 通过对胜利一号露天煤矿和黑岱沟露天煤矿两个应用实例进行研究,

检验了 OSDSS 的各项功能,并与沈阳院的设计结果进行分析对比,验证了 OS-DSS 的准确性、可靠性和实用性。

6.2 展　　望

虽然本书在拉铲倒堆开采工艺优化研究及系统开发和研制方面取得了一些进展,但我国露天煤矿拉铲倒堆开采工艺还有很长的路要走,还有很多的工作要做,具体体现在以下几方面。

(1)完善拉铲倒堆开采工艺优化系统的功能。OSDSS 虽然考虑了爆堆形状对拉铲设备选型的影响,但还缺乏抛掷爆破方面的实际数据,尤其是爆堆形状有待在大量实验研究的基础上予以总结,并拓展其自动生成的功能。为了使系统更具可靠性、通用性和实用性,应该在这方面进行必要的研究。

(2)探索适合露天煤矿海量的、动态的、不规则的数据的存储结构,建立合理、有效的空间数据库,为构建露天煤矿拉铲倒堆开采工艺三维可视化系统乃至虚拟现实系统提供技术支持。

参 考 文 献

[1] 张幼蒂,李克民,尚涛,等.露天矿倒堆剥离工艺的发展及其应用前景——露天矿倒堆剥离开采方法系列论文之一[J].中国矿业大学学报,2002,31(4):331-334.

[2] 尚涛,张幼蒂,李克民,等.露天煤矿拉斗铲倒堆工艺运煤系统优化选择——露天矿倒堆剥离开采方法系列论文之三[J].中国矿业大学学报,2002,31(6):571-574.

[3] 杨云浩,张幼蒂,李克民.露天矿拉斗铲规格优选与台阶要素综合分析[J].东北大学学报(自然科学版),2004,25(z1):68-70.

[4] 郭昭华.哈尔乌素露天煤矿生产工艺系统选择的探讨[J].露天采煤技术,2001,(3):9,11.

[5] KENNEDY B A. Surface mining [M]. 2nd ed. Baltimore:Port City Press,1990.

[6] 李东,王启瑞.黑岱沟露天煤矿采用吊斗铲倒堆工艺的探讨[J].露天采煤技术,2001(3):12-14.

[7] 赵唱尧.露天煤矿开采工艺与设备国产化[J].中国煤炭,1998,24(12):10-14.

[8] 煤炭工业西安设计研究院.神华集团准格尔能源有限责任公司黑岱沟露天煤矿吊斗铲工艺技术改造可行性研究报告[R],2002.

[9] 中国矿业学院.露天采矿手册 第四册 其它运输及联合运输·排土·水采·工艺[M].北京:煤炭工业出版社,1988.

[10] ZHANG Y D, YANG Y H, LI K M. Systems simulation for dragline selection in open cast mines[C].Johannesburg:31th APCOM Proceedings,2003.

[11] 萧其林,高玉宝.现代拉斗铲的应用、设计参数与典型结构(I)[J].矿山机械,2003,31(11):18-21.

[12] 杨寅,刘裕智,时裕谦.大型拉铲在我国露天煤田的应用前景及其基本计算[J].煤矿设计,1997,(1):24-27.

[13] 张幼蒂,张达贤,顾正洪,:等.露天煤矿开发战略研究报告[R].中国矿业大学,1991.

[14] 张幼蒂,傅洪贤,王启瑞,等.抛掷爆破与剥离台阶开采参数分析——露天矿倒堆剥离开采方法系列论文之四[J].中国矿业大学学报,2003,32(1):27-30.

[15] 马军,李克民.抛掷爆破与拉斗铲倒堆工艺研究[J].中国矿业,2003,12(7):44-46.

[16] CHIRONIS N P. Efficient stripping, new washer, build markets[J]. Coal Age, 1962,67(5):64-67.

[17] 傅洪贤,张幼蒂.露天煤矿中的爆破剥离技术[J].中国矿业,2001,10(2):38-39.

[18] 文世芸.抛掷爆破与索斗铲剥离工艺[J].露天采煤技术,2000(1):13-15.

[19] 《世界煤炭工业发展报告》课题组.美国煤炭工业[J].中国煤炭,1999,25(4):49-54.

[20] M·W 斯普劳尔斯.面对市场挑战的美国中西部煤矿[J].中国煤炭,1997,23(10):48-51.

[21] WHEELER P,WALLS N.一九九六年度露天开采年评[J].有色矿山,1997(2):1-13.

[22] 刘光,董万江,解德国.露天煤矿抛掷爆破及其影响和防护[J].露天采矿技术,2003,(3):7-8.

[23] J·达玛斯戴特.1950～1995 年美国煤炭生产效率浅析[J].中国煤炭,2000,26(6):59-61.

[24] 赵唱尧,苏兴钧,张玮.露天煤矿引进吊斗铲倒堆工艺势在必行[J].煤矿设计,1994,(9):10-14,38.

[25] 《世界煤炭工业发展报告》课题组.加拿大煤炭工业[J].中国煤炭,1998,24(12):42-45.

[26] 《世界煤炭工业发展报告》课题组.印度煤炭工业[J].中国煤炭,1998,24

(11):47-50.

[27] M. 胡德,H. 格根西,P. 哈瑟利.澳大利亚采矿研究与开发要点[J].国外金属矿山,2001,(5):12-18.

[28] 李孝亭,黄盛初.澳大利亚的煤炭工业[J].中国煤炭,1998,24(8):46-48.

[29] 许波云.澳大利亚煤炭工业的现状[J].中国煤炭,2000,26(10):54-58.

[30] 加拿大露天采矿的发展[J].世界采矿快报,1999,15(9):8-11,16.

[31] 田会,丁毅,郭哲肖.煤炭工业设计现状及发展趋势[J].煤炭工程,2004(1):5-7.

[32] 胡省三,沈祝平.世纪之交我国煤炭工业科技的发展[J].中国煤炭,2000,26(1):13-16.

[33] 胡省三,成福康.世纪之交我国煤炭工业科技发展[J].能源基地建设,2000,(Z1):46-48.

[34] GILEWICZ P. U. S. dragline census [J]. Coal Age,1999,104(8):35-40.

[35] GILEWICZ P. International dragline population matures [J]. Coal Age,2000,105(6):30-32.

[36] ASPINALL T O. Use of dragline-where to in the 21st century [C]. Mackay:Third Large Open Pit Mining Conference ,1992:25-32.

[37] 李东,王启瑞.黑岱沟露天煤矿采用吊斗铲倒堆工艺的探讨[J].露天采煤技术,2001,(3):12-14.

[38] 中煤国际工程集团沈阳设计研究院.神华集团准格尔能源有限责任公司黑岱沟露天煤矿吊斗铲工艺技术改造初步设计说明书[R],2003.

[39] 张克树,周龙义,朱建新.黑岱沟露天煤矿吊斗铲倒堆台阶高度的优选[J].煤炭技术,2003,22(11):36-38.

[40] 贺全超,杨晓锋,罗斌,等.黑岱沟露天煤矿改扩建工艺研究[J].露天采矿技术,2003,(4):1-2,4.

[41] 解德国,刘光,董万江.黑岱沟露天煤矿技术改造工程拉铲的选型和优化[J].露天采矿技术,2003,(1):6-8.

[42] 中煤国际工程集团沈阳设计研究院.神华集团准格尔能源有限责任公司黑岱沟露天煤矿吊斗铲倒堆工艺技术改造可行性研究简要说明书[R],2002.

[43] 田会,郑友毅.我国露天开采工艺发展初探[J].煤炭工程,2004,(4):4-9.

[44] 中煤国际工程集团沈阳设计研究院.神华蒙电胜利能源有限公司胜利一号露天煤矿初步设计说明书(上册)[R],2004.

[45] 中煤国际工程集团沈阳设计研究院.神华蒙电胜利能源有限公司胜利一号露天煤矿可行性研究报告[R],2003.

[46] 赵唱尧.露天煤矿开采工艺与设备国产化[J].中国煤炭,1998,24(12):10-14.

[47] 张幼蒂.矿业发展新域探索——张幼蒂论文集[M].徐州:中国矿业大学出版社,2003.

[48] 骆中洲.露天采矿学 上册(露天矿生产工艺)[M].徐州:中国矿业学院出版社,1986.

[49] 神华集团准格尔能源有限责任公司.赴加拿大、美国露天煤矿考察报告[R].2002.

[50] 中国矿业大学(北京).平朔矿区总体开发若干问题研究[R].2003.

[51] 中国矿业大学(北京).胜利一号露天煤矿开采资源综合评价[R].2004.

[52] 中国矿业大学(北京).黑岱沟露天煤矿技术改造若干问题研究[R].2002.

[53] 张达贤,张幼蒂.露天采矿新工艺[M].徐州:中国矿业大学出版社,1992.

[54] 张达贤,范奇文.露天开采基本知识[M].北京:煤炭工业出版社,1982.

[55] 中国矿业学院.露天采矿手册 第五册 开采境界 开采程序 开拓 生产能力[M].北京:煤炭工业出版社,1986.

[56] 中国矿业学院.露天采矿手册 第七册 系统工程 经济 石材开采[M].北京:煤炭工业出版社,1987.

[57] 杨荣新.露天采矿学(下册)[M].徐州:中国矿业大学出版社,1990.

[58] 中国矿业大学.神华集团准格尔能源有限责任公司黑岱沟露天矿扩建拉斗铲倒堆工艺可行性研究[R].2001.

[59] 王平亮,田爱民.吊斗铲-单斗-卡车联合工艺工作线长度确定[J].露天采煤技术,2001,(3):10-11.

[60] 张幼蒂,郭昭华,杨云浩,等.倒堆剥离拉斗铲规格选择——露天矿倒堆剥离开采方法系列论文之二[J].中国矿业大学学报,2002,31(5):

341-343.

[61]   MARTIN R L,KING M G. The efficiencies of cast blasting in wide pits [J]. Fuel and Energy Abstracts,1995,(6):402.

[62]   GRIPPO A P. How to get more cast per blast[J]. Coal Age,1984,89 (12):63-69.

[63]   中国矿业学院.露天采矿手册 第一册 总论·地质·岩力[M].北京：煤炭工业出版社,1985.

[64]   Bucyrus-Erie Company. Walking dragline-Terminology/Application/Selection [Z]. 2001:1-24.

[65]   The Marion Division of INDRESCO Inc. The fundamentals of the dragline (6th edition) [Z]. 1993:1-28.

[66]   MICHAUD L H,CALDER P N. The development of a computerized dragline mine planning package utilizing interactive computer graphics [J]. CIM Bulletin,1993,86(937):37-42.

[67]   SMITH B,WATTS R. Selecting a new dragline [J]. World Coal,2001, 10(3):11-16.

[68]   CARTER B A. Black Thunder boosts production with MineStar [J] Coal Age,2001(12):35-37.

[69]   杨云浩,邹德仑,张幼蒂,等.露天矿采用倒堆工艺下铲型规格的选择 [J].露天采矿技术,2003,(2):1-4.

[70]   高世泽.概率统计引论[M].重庆:重庆大学出版社,2000.

[71]   周纪芗.实用回归分析方法[M].上海:上海科学技术出版社,1990.

[72]   高运良,马玲.数理统计[M].北京:煤炭工业出版社,2002.

[73]   吴亚森,孙爱霞.概率论与数理统计 [M].2 版.广州:华南理工大学工业出版社,2003.

[74]   周润兰,喻胜华.应用概率统计[M].北京:科学出版社,1999.

[75]   唐五湘,程桂枝.Excel 在预测中的应用[M].北京:电子工业出版社, 2001.

[76]   张国宝.AutoCAD Visual Basic 开发技术[M].北京:科学出版社,2000.

[77]   张晋西.Visual Basic 与 AutoCAD 二次开发[M].北京:清华大学出版社,2002.

[78] 李玉玲. Auto CAD 二次开发中的几点技术[J]. 机械设计与制造,2004,(1):26-27.

[79] 徐凯,张裕中. CAD 二次开发技术(Ⅱ)[J]. 包装与食品机械,2004,22(2):31-34.

[80] 冯鑫,谢双喜,胡业发. 基于 AutoCAD 平台的 VBA 二次开发技术[J]. 机床与液压,2003,(2):82-84.

[81] 杨立军,党新安,夏田. 基于 VB 的 AutoCAD 二次开发技术[J]. 现代制造工程,2004,(3):27-28.

[82] 李超,董继先. 基于 VB 环境下的 AutoCAD 二次开发技术[J]. 轻工机械,2003,(3):81-83.

[83] 朱林,郭剑锋. 在 AutoCAD 中用 VBA 实现数控自动编程[J]. 现代制造工程,2004,(3):23-25.

[84] 刘海涛. VB、Excel、Access、Word 的联合应用技术[J]. 电脑学习,2003,(5):39-40.

[85] 杨元法. VB 访问 Excel 的几种方式[J]. 计算机时代,2002(,10):34-35.

[86] 费海涛,孙召龙,朱连章. VB 环境下 EXCEL 报表的自动生成[J]. 福建电脑,2003,(6):39-40.

[87] 阮家栋. 基于 VB 的 Excel 数据窗口设计[J]. 上海工程技术大学学报,1999,13(3):195-199.

[88] 杨荣庆. 利用 VBA 及 OLE 自动化技术实现 OFFICE 环境下 VB 数据库报表生成[J]. 电脑编程技巧与维护,2001,(9):19-27.

[89] 曾谦,曾黄麟. 利用 VB 实现 OFFICE 对象的访问控制[J]. 四川轻化工学院学报,2001,14(4):5-9.

[90] 邵冬华. 如何利用 VB 实现 Excel 数据和 Access 数据之间的转换[J]. 南通航运职业技术学院学报,2004,3(3):33-37.

[91] 孙延国. 探讨通过 VB 向 EXCEL 传输数据的方法[J]. 华南金融电脑,2004,12(11):40-42.

[92] 孙延国. 通过 VB 向 Excel 传输数据的方法[J]. 电脑编程技巧与维护,2004,(5):29-32.

[93] 周欢怀. 用 VB 操作 Excel 文件[J]. 电脑学习,2004,(2):55.

[94] 韩润萍,张小燕. 用 VB 与 Excel 集成开发应用软件[J]. 北京服装学院学

报(自然科学版),2000,20(2):45-52.

[95] 谢刚.在 VB 应用程序中调用 Excel[J].江西电力职工大学学报,1999,12(2):28-34.

[96] 刘正平,简清华.在 VB 应用程序中用 Excel 输出报表[J].华东交通大学学报,2002,19(4):8-10.

[97] 孙越.Visual Basic 数据库开发自学教程[M].北京:人民邮电出版社,2002.

[98] HOLZNER STEVEN. Visual Basic 6 技术内幕[M].详实翻译组,译.北京:机械工业出版社,1999.

[99] Microsoft Corporation.Visual Basic 6.0 中文版程序员指南[M].北京:北京希望电脑公司,1998.

[100] HALVORSON M.Microsoft visual basic 6.0 professional 专业版循序渐进教程[M].希望图书创作室,译.北京:北京希望电脑公司,1999.

[101] Microsoft Corporation.Visual Basic 6.0 中文版语言参考手册[M].微软(中国)有限公司,译.北京:北京希望电脑公司,1998.

[102] 胡荣根.Visual Basic 6.0 中文版数据库和 Internet 编程[M].北京:清华大学出版社,1999.

[103] 李兰友,庄国瑜,秦卫光.Visual Basic 绘图与图像处理[M].北京:人民邮电出版社,1999.

[104] B.B.里热夫斯基.露天开采工艺[M].阜新矿业学院,山东冶金工业学院,译.北京:煤炭工业出版社,1985.